U0338326

中国科协青年人才托举工程(2017QNRC001)
北京市自然基金(8174072)
国家重点研发计划项目(2016YFC0801400,2016YFC0600700)
辽宁省煤炭资源安全开采与洁净利用工程研究中心开放基金(LNTU16KF08)
煤炭资源与安全开采国家重点实验室开放基金(SKLCRSM16KFB07)

冲击倾向性煤非线性力学特性

Chongji Qingxiangxing Mei Feixianxing Lixue Texing

郝宪杰　著

中国矿业大学出版社

图书在版编目(CIP)数据

冲击倾向性煤非线性力学特性 / 郝宪杰著. — 徐州：
中国矿业大学出版社，2018.4

ISBN 978 - 7 - 5646 - 3948 - 8

Ⅰ.①冲… Ⅱ.①郝… Ⅲ.①倾滑断层－煤岩－岩石
力学－非线性力学－动力学－研究 Ⅳ.①TD326

中国版本图书馆 CIP 数据核字(2018)第 082653 号

书　　名　冲击倾向性煤非线性力学特性
著　　者　郝宪杰
责任编辑　满建康
出版发行　中国矿业大学出版社有限责任公司
　　　　　（江苏省徐州市解放南路　邮编 221008）
营销热线　（0516)83884103　　83885105
出版服务　（0516)83995789　　83884920
网　　址　http://www.cumtp.com　**E-mail**：cumtpvip@cumtp.com
印　　刷　江苏凤凰数码印务有限公司
开　　本　850 mm×1168 mm　1/32　**印张** 5.625　**字数** 146 千字
版次印次　2018 年 4 月第 1 版　　2018 年 4 月第 1 次印刷
定　　价　28.00 元

（图书出现印装质量问题，本社负责调换）

前　言

　　煤冲击倾向性作为冲击地压发生的内在影响因素，是评价煤矿冲击地压发生危险的重要依据。而煤体内部分布着大量的孔隙、裂隙、层理、割理等诸多类型的缺陷，具有非常明显的非均质性，进而表现出强烈的非线性特征。因此，研究冲击倾向性煤体的非线性力学特征对于认识冲击地压的发生发展过程，进而防治冲击地压具有重要意义。

　　本书尝试从冲击倾向性煤单轴压缩的层理及割理效应、冲击倾向性煤岩受载压密段的非线性特征、冲击倾向性煤脆性度特征及其评价指标、冲击倾向性煤起裂机制及其影响因素、冲击倾向性煤压缩破坏机制及其影响因素进行了分析。其中杜伟升在第一章和第二章、卢志国在第二章、王少华在第三章、朱广沛在第四章、王飞在第五章中参与了部分研究工作。

　　衷心感谢中国工程院袁亮院士的悉心指导，成稿的每一步都是在导师的指导下完成的，倾注了导师大量的心血；衷心感谢姜耀东教授的谆谆教诲和无私帮助，高山仰止，景行行止；感谢赵毅鑫教授和王凯教授在实验设计和实施上给予的教导与支持！

课题组成员李玉麟、张谦、王少华、徐全胜、康一强、杨德权、魏英楠、孙卓文、靳多祥、邱凯龙参与了部分工作。

感谢冲击地压领域各位先贤给予的指导，也对本书所引用成果与资料的所有作者表示感谢！

由于作者水平所限，书中难免存在不足之处，恳请读者不吝指正。

作　者

2018 年 3 月

目　　录

1 冲击倾向性煤单轴压缩的层理及割理效应

与其他岩土类材料相比,煤岩在成煤过程中形成了大量裂隙。煤岩中广泛分布的裂隙组对煤岩力学性质有重要影响,裂隙的存在不仅弱化了煤岩的力学性质,还为瓦斯等气体的赋存提供了有利条件。因此,对裂隙煤岩体受载后的力学响应特征展开研究,对揭示矿井动力灾害的发生机理及其防治具有重要意义。由层理与割理形成的独有的裂隙系统对煤岩性质有着重要影响。本章对冲击倾向性煤岩中的裂隙进行了细观扫描,实施了考虑层理及割理角度的超声波波速测试试验、单轴压缩及声发射监测试验,系统分析了层理及割理对煤岩力学性质的影响。建立了包含层理及割理的冲击倾向性煤岩的各向异性本构模型,并将该本构模型植入在FLAC³ᴰ中,通过对比峰值强度和破坏模式验证了该本构模型。同时,借助该本构模型,分析了不同层理及割理倾角下的煤岩的破坏模式及强度。

1.1 煤样加工及波速各向异性测试

1.1.1 试样加工

在煤样加工时同时考虑层理及割理的影响。对面割理和端割理等不连续面也简化成弱面,考虑其弱面角度。鉴于层理面、面割理和端割理两两垂直的位置关系,一旦试样的层理面角度确定,面割理、端割理的角度也随之确定。

试验中取煤样的层理面倾角,即层理面法向与加载轴向的夹角作为参考,分别加工三组煤样,层理面倾角分别为 0°(面割理倾角 90°,端割理倾角 90°),45°(面割理倾角 45°,端割理倾角 90°),90°(面割理倾角 0°,端割理倾角 90°)。试样钻取示意图如图 1-1 所示。试样尺寸为直径 25 mm、高度 50 mm 的圆柱体。钻取煤样根据层理面倾角分为三组,分别标记为 Z 组、F 组和 N 组,对应的层理面倾角分别为 0°、45°和 90°。每组各有 4 个煤样,以 Z 组为例,编号分别为 Z-1、Z-2、Z-3、Z-4。试验煤样见图 1-2。

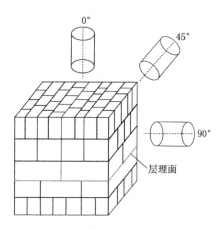

图 1-1 煤样钻取示意图

1.1.2 煤样超声波波速各向异性测试

根据同组层理倾角下 4 个试样的波速,计算出波速均值。并以标准差与均值的比值作为超声波波速的变异系数,12 个煤样的超声波速的测试结果如表 1-1 所列。

由表 1-1 可知,试验煤样的纵波波速为 1.13～1.25 km/s。

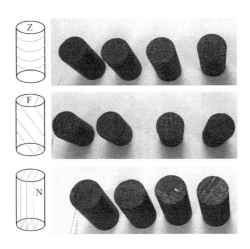

图 1-2 试验煤样

从变异系数(标准差与均值的比值)来看,Z组煤样与F组煤样的变异系数均比较低,不足 0.01,而 N 组煤样的变异系数也不高,不足 0.03,说明煤样的纵波波速离散型较低。对比不同层理倾角下煤样的纵波波速易知,波速均值的最小值(1.145 km/s)与单个煤样的波速最小值(1.13 km/s)均出现在 Z 组煤样(层理面倾角为 0°)中;而波速均值的最大值(1.200 km/s)与单个煤样的波速最大值(1.25 km/s)均出现在 N 组煤样(层理面倾角为 90°)中;而对于 F 组煤样,无论纵波波速的均值或者是单个煤样的极值都位于二者之间。可见,纵波的波速呈现出与层理相关的各向异性特征,原因在于:超声波通过煤样的不连续面时,能量发生了反射与折减,与割理等其他不连续面相比,层理的层间距大,对声波的阻碍作用强,因而在正对层理面传播时(Z 组煤样)波速衰减最多,超声波的传播速度最慢;而在顺着层理面传播时(N 组煤样),波速衰减最少,超声波的传播速度最快;层理面倾角为 45°时,波速位于两者之间。整体来看,层理方位对同种煤样的纵波波速有着重要影响。

表 1-1 超声波速测试结果

试样编号	层理倾角 /(°)	波速 /(km/s)	波速均值 /(km/s)	变异系数
Z-1	0	1.15	1.145	0.009 8
Z-2		1.14		
Z-3		1.13		
Z-4		1.16		
F-1	45	1.18	1.185	0.009 4
F-2		1.2		
F-3		1.19		
F-4		1.17		
N-1	90	1.16	1.200	0.028 2
N-2		1.18		
N-3		1.21		
N-4		1.25		

1.2 单轴压缩试验设计及结果分析

1.2.1 试验设计

上述内容从层理割理发育特征、纵波波速特征分析了层理及割理对煤岩性质的影响。为了研究不同层理及割理角度下,煤岩单轴受载的力学响应特征,以层理及割理倾角为试验变量,对不同层理角度的试验煤样实施单轴加载试验。

试验中采用中国科学院岩土力学研究所的 MTS815.04 试验

机实施单轴压缩试验,加载方式为位移控制方式,加载速度为
5.0×10^{-6} mm/s。试验机如图 1-3 所示。试样压缩过程中,采用
中国科学院岩土力学研究所的 DISP 声发射测试系统采集加载过
程中的声发射信号。声发射探头被安置在距加载机上盘 10 mm
的位置处。试验过程中应力-应变及声发射监测系统如图 1-4
所示。

图 1-3　MTS815.04 试验机

图 1-4　监测系统示意图

1.2.2　试验结果

煤样典型的总应变曲线应该包含 4 个阶段,即非线性压密阶段、弹性阶段、裂纹扩展阶段和峰后台阶跌落阶段,如图 1-5 所示。

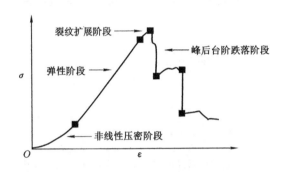

图 1-5　典型的煤岩应力应变曲线

试验煤样的应力-应变曲线的特点如下。首先,压密阶段的持续时间较长,几乎占整个压缩过程的 1/3,煤岩的这个特点区别于其他岩石。其次,裂缝扩展阶段相对较短,试验煤样具有明显的脆性行为。最后,试验煤样的峰后行为呈阶梯跌落状,尤其对于层理倾角为 45°和 90°的煤岩试样。所有试验煤样的全应力应变曲线见图 1-6。

1.2.3　力学参数分析

为了分析层理割理对力学参数的影响,将相关参数列于表 1-2～表 1-4 内。

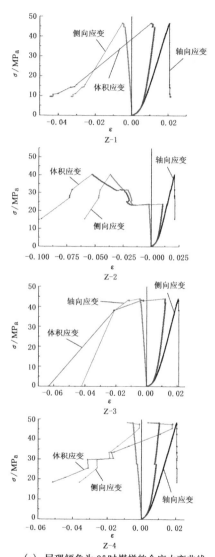

（a）层理倾角为 0°时煤样的全应力变曲线

图 1-6　不同层理倾角的煤岩的全应力应变曲线

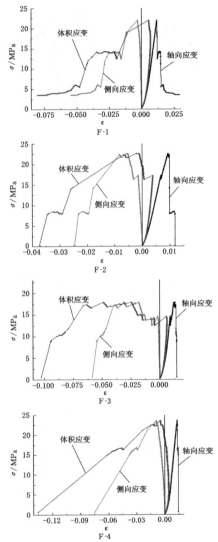

(b) 层理倾角为 45°时煤样的全应力变曲线

续图 1-6　不同层理倾角的煤岩的全应力应变曲线

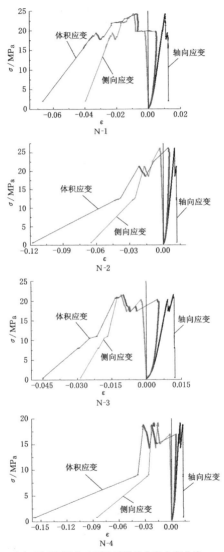

（c）层理倾角为 90°时煤样的全应力变曲线

续图 1-6 不同层理倾角的煤岩的全应力应变曲线

表 1-2　　　　　　　　　**层理为 0°的煤样试验参数**

编号	ε_a /10^{-3}	ε_1 /10^{-3}	ε_v /10^{-3}	ε_{am} /10^{-3}	ε_{lm} /10^{-3}	ε_{vm} /10^{-3}	σ /MPa	E_{50} /GPa
Z-1	20.85	−5.10	10.63	21.60	−33.02	−44.44	46.70	1.83
Z-2	20.97	−37.03	−53.09	21.22	−59.48	−97.74	40.39	1.56
Z-3	20.62	−4.32	11.99	21.13	−41.93	−62.74	44.18	1.68
Z-4	20.50	−5.20	10.11	20.69	−36.14	−51.59	48.47	1.96
均值	20.735	−12.913	−5.090	21.160	−42.643	−64.128	44.935	1.758
标准差	0.210	16.080	32.010	0.370	11.820	23.640	3.500	0.170
变异系数	0.010	1.246	6.289	0.018	0.277	0.369	0.078	0.099

表 1-3　　　　　　　　　**层理为 45°的煤样试验参数**

编号	ε_a /10^{-3}	ε_1 /10^{-3}	ε_v /10^{-3}	ε_{am} /10^{-3}	ε_{lm} /10^{-3}	ε_{vm} /10^{-3}	σ /MPa	E_{50} /GPa
F-1	11.83	−3.17	5.50	28.92	−54.51	−80.09	22.04	1.51
F-2	9.39	−5.29	−1.18	11.89	−24.40	−36.91	22.61	2.32
F-3	13.06	−30.94	−48.82	14.37	−58.67	−10.30	17.91	1.33
F-4	13.07	−8.78	−4.49	14.11	−74.80	−135.49	23.66	1.46
均值	11.838	−12.045	−12.248	17.323	−53.095	−65.698	21.555	1.655
标准差	1.732	12.807	24.733	7.811	21.036	54.698	2.521	0.450
变异系数	0.146	1.063	2.019	0.451	0.396	0.833	0.117	0.272

表 1-4　　　　　　　　　层理为 90°的煤样试验参数

编号	ε_a /10^{-3}	ε_l /10^{-3}	ε_v /10^{-3}	ε_{am} /10^{-3}	ε_{lm} /10^{-3}	ε_{vm} /10^{-3}	σ /MPa	E_{50} /GPa
N-1	10.67	-9.24	-7.65	12.45	-39.57	-66.68	24.25	1.98
N-2	10.30	-2.85	4.74	11.92	-64.85	-117.78	26.21	2.14
N-3	11.66	-10.84	-9.88	12.10	-28.52	-44.93	21.59	1.80
N-4	10.09	-14.75	-19.37	13.30	-85.76	-158.22	19.20	1.66
均值	10.680	-9.420	-8.040	12.443	-54.675	-96.903	22.813	1.895
标准差	0.696	4.954	9.920	0.613	25.704	51.024	3.063	0.209
变异系数	0.065	0.526	1.234	0.049	0.470	0.527	0.134	0.110

在上述三表中,σ 为峰值强度;ε_a 为峰值轴向应变;ε_l 为峰值侧向应变;ε_v 为峰值体积应变;ε_{am} 为最大轴向应变;ε_{lm} 为最大侧向应变;ε_{vm} 为最大体积应变;E_{50} 为试样在峰值强度的一半对应的应力与应变的比值,简称变形模量。为了描述这些参数的离散状态,需要计算上述参数的平均值、标准差和变异系数。其中,变异系数由标准差除以平均值获得。

（1）应变特征

对于煤样的峰值应变特征,从峰值轴向应变、峰值侧向应变和峰值体积应变三个参量进行分析。对于峰值轴向应变,随着层理倾角从 0°到 45°,再增加到 90°,平均峰值轴向应变呈下降趋势。层理倾角为 0°时,峰值轴向应变的均值最大（20.735×10^{-3}）,几乎是层理倾角为 45°（11.838×10^{-3}）和 90°（10.680×10^{-3}）的两倍。对比其变异系数,层理倾角为 0°处的峰值轴向应变的变异系数最低（0.010）,而层理倾角为 45°煤样的变异系数最高（0.146）,但峰值轴向应变的整体离散度不高。对于峰值侧向应变,不同层理倾角的煤样的平均峰值侧向应变保持在 10×10^{-3} 左右,但不同的层理倾角的侧向应变离散状态却大有不同,峰值侧向应变的变异系数为 0.526～1.246,远大于峰值轴向应变的变异系数。这表明峰值侧向应变具有较高的随机性,其层理效应不明显。由于侧向应变对体积应变的显著影响,峰值体积应变的试验结果表现出与峰值轴向应变相似的特征。

对于煤样的最大应变特征,从最大轴向应变、最大侧向应变、最大体积应变三方面进行对比分析。对于最大轴向应变,其平均值随着层理倾角的增加呈下降趋势,表明随着层理倾角的增大,煤样受压可承受变形能力在变弱。对于其离散特征,层理倾角为 0°时,最大轴向应变变异系数最小(0.018),45°时的变异系数最大(0.451)。对于最大侧向应变,由于煤岩受载失稳后发生侧向体积膨胀,其最大侧向应变都比较大,达到 5×10^{-2} 左右,最大侧向应变的离散型也比较高,三组煤样的变异系数均大于 0.27。受侧向应变的影响,最大体积应变表现出与最大侧向应变相似的特征。

整体而言,轴向应变的层理效应十分明显,无论峰值轴向应变,还是最大轴向应变,都随着层理倾角的增加,呈现下降趋势。层理倾角为 0°时,煤样的可压缩性最强,煤样的离散性最低。对于侧向应变,煤样受载破裂后呈现一定的随机性,其侧向应变变化剧烈,离散性强,层理效应不明显。受侧向应变的影响,体积应变与侧向应变具有相似的变化趋势。

(2)峰值强度特征

层理和割理对峰值强度的影响也很明显。层理倾角为 0°时,峰值强度最高,4 个煤样的峰值强度都达到了 40 MPa 以上,其平均值达到 44.935 MPa;层理倾角为 45°时,峰值强度最低,均值只有 21.555 MPa;而层理倾角为 90°时,峰值强度位于两者之间,均值为 22.813 MPa。对比峰值强度的变异系数,三组煤样的离散程度不大,变异系数范围从 0.078 到 0.134。层理倾角为 0°时,煤样的峰值强度的一致性最好;层理倾角为 90°时,煤样的离散状态最为显著。

（3）变形模量特征

不同层理倾角下煤样的弹性模量平均值范围为 1.655～1.895 GPa。弹性模量的最高值出现在层理倾角为 90°时（1.895 GPa），其次是层理面倾角为 0°时（1.758 GPa），再次是层理面倾角为 90°时（1.655 GPa）。这是由于在层理面倾角为 0°时，层间空隙的可压缩性强；而在层理倾角为 45°时，煤样可受压沿层理面滑移，从而造成上述两种情况的弹模略小。对比数据的离散性，层理面 45°时的弹模的离散性最高，变异系数达到 0.272，层理面倾角为 0°和 90°时的变异系数接近，分别为 0.099 和 0.110。

1.2.4　破坏模式分析

图 1-7～图 1-9 显示了不同层理和割理的煤样的单轴受载的破坏形貌。

（1）0°层理倾角煤样的破坏模式

当层理倾角为 0°时，如图 1-7 所示，煤样的破坏状态最为剧烈。煤样此时的强度最高，加载机输入的部分机械能部分转化为弹性应变能，该过程煤样中能量积累时间长，煤样失效过程伴随着大量能量释放，失效位置集中在煤样中部，受载结束后的煤样较为破碎，煤样周围爆出大量煤岩碎屑。

(a)　　　　　(b)　　　　　(c)　　　　　(d)

图 1-7　层理倾角为 0°时煤样的受载破坏

(a) Z-1;(b) Z-2;(c) Z-3;(d) Z-4

（2）45°层理倾角煤样的破坏模式

当层理倾角为 45°时，如图 1-8 所示，煤样会沿着一定的破裂面发生剪切滑移破坏。煤样此时的强度最低，加载机输入的机械能一部分转化为弹性应变能，一部分随着煤样发生剪切滑移而耗散。煤样的最终失稳沿着一个主破裂面，主破裂角为 41°~72°，主破裂面周围有着伴生裂纹。煤样的失稳过程相对平静，失稳后煤样破裂成块状，周围产生碎渣较少。

（a）　　　　　（b）　　　　　（c）　　　　　（d）

图 1-8　层理倾角为 45°时煤样的受载破坏

(a) F-1；(b) F-2；(c) F-3；(d) F-4

（3）90°层理倾角煤样的破坏模式

当层理倾角为 90°时，如图 1-9 所示，煤样会顺着层理面发生劈裂。煤样此时的强度比层理倾角为 45°时高，从加载机上吸收的弹性应变能也高于 45°倾角的煤样，煤样的整体破坏属于拉伸劈裂，在顺着层理方向出现一定数目的裂纹（N-1、N-2 和 N-3）。煤样在顺着层理发生拉伸劈裂过程中，试样下端时常发生失稳断裂（N-3 和 N-4）。试样的断裂过程也不慎剧烈，煤岩碎渣产生较少。

1.2.5　声发射信号分析

采用美国物理声学公司研制的 DISP 声发射测试系统对单轴压缩试验的全过程实施声发射监测。本书选择的声发射时间序列

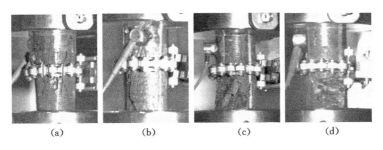

图 1-9　层理倾角为 90°时煤样的受载破坏模式

(a) N-1；(b) N-2；(c) N-3；(d) N-4

参数为 AE 振铃计数。图 1-10～图 1-12 为各煤岩试样单轴受载过程中的 AE 振铃计数以及轴向应力随时间的变化曲线。

整体来讲,单轴加载过程中试样的 AE 振铃计数随时间的变化经历了三个阶段,即静默期、爆发期和峰后释放期。静默期对应煤岩加载的压密阶段和弹性阶段,在该时期煤岩内原生裂纹闭合,试样发生弹性变形,声发射信号量较少,加载机输入的能量大部分转化为煤岩试样的弹性应变能,能量耗散与能量释放作用比较微弱;爆发期对应煤岩受载的裂纹扩展阶段和应力跌落阶段,在该时期煤岩原生微细观裂纹扩展、贯通,形成宏观裂纹,在承载失效应力跌落过程中,储存在煤岩中的弹性应变能大量释放,声发射信号呈现爆发式增长,值得一提的是,声发射振铃计数的峰值出现的时间会比煤岩应力峰值出现的时间稍微提前,学者们据此提出了基于声发射信号的煤岩失稳前兆;峰后释放期对应煤样应力跌落后的时期,随着应力跌落,试样失稳并丧失部分(或者全部)承载能力,声发射信号恢复平静,该时期是加载末期,持续时间较短。对于不同层理倾角下煤岩声发射振铃计数又呈现出不同的特征。

(1) 0°层理倾角煤样的 AE 振铃计数特征

图 1-10 为层理倾角 0°时煤样受载的 AE 振铃计数、应力与时

间关系。当层理倾角为 0°时,声发射振铃计数的静默期较长,几乎占整个应力应变过程的 2/3,说明试样经历了较长的能量积累阶段,试样内储存着可观的弹性应变能;在振铃计数的静默期结束前,计数频率呈现一定程度的增加,随后迎来爆发期,整个爆发期持续时间短,但振铃计数频率极高,多数试样只有一个振铃计数的峰值,说明该过程释放能量强度大,与煤样的爆碎的破坏模式相对应;该组试样的振铃计数的峰后释放期均比较短,经过一次应力降后,试样立即彻底失稳,加载过程终止,振铃计数过程结束。该组煤样整个加载过程的振铃计数特征呈现出稳定积聚、突然爆发、迅速回落的特征,与该组煤样受载失稳及能量演化过程很好地对应。

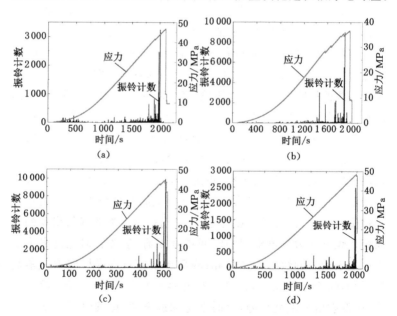

图 1-10 层理倾角为 0°时煤样受载的 AE 振铃计数、应力与时间关系

(a) Z-1;(b) Z-2;(c) Z-3;(d) Z-4

（2）45°层理倾角煤样的 AE 振铃计数特征

图 1-11 为层理倾角 45°时煤样受载的 AE 振铃计数、应力与时间关系。对于 F 组煤样，其声发射振铃计数的静默期占总应变过程的比例小于 Z 组煤岩，说明其能量积累时间短；在振铃计数的爆发期，4 个煤样则呈现出不同的振铃计数特征，试样 F-1 与 F-3 的爆发期持续时间较长，振铃计数呈现"多峰并举"的状态，而试样 F-2 和 F-4 爆发期相对较短，振铃计数频率仅有一个明显峰值；该组试样的振铃计数的峰后释放期持续时间较 0°层理煤岩试样长，声发射信号明显。

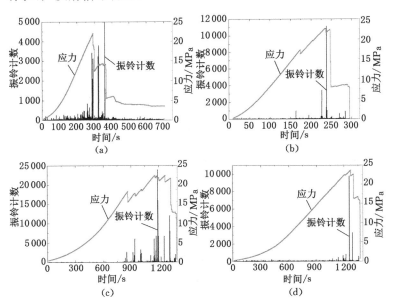

图 1-11　层理倾角为 45°时煤样受载的 AE 振铃计数、应力与时间关系
(a) F-1；(b) F-2；(c) F-3；(d) F-4

（3）90°层理倾角煤样的 AE 振铃计数特征

图 1-12 为层理倾角 90°时煤样受载的 AE 振铃计数、应力与

时间关系。对于 N 组煤样,其声发射振铃计数的静默期与 F 组试样相似,表明其能量积累时间短;在振铃计数的爆发期,Z 组试样的特点则是间断性爆发,出现多个振铃计数的峰值,而每个计数峰值之间又间隔一定的时间,说明其裂纹扩展过程是连续持久进行的,并出现多个宏观裂纹,与该组试样的失稳破坏形态相对应。

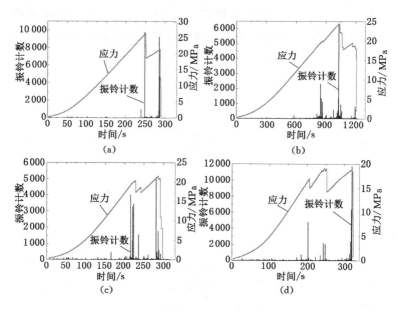

图 1-12 层理倾角为 90°时煤样受载的 AE 振铃计数、应力与时间关系
(a) N-1;(b) N-2;(c) N-3;(d) N-4

总而言之,不同层理倾角煤样的声发射振铃计数特征呈现一定的差异性。这种差异性首先体现在振铃计数的静默期:0°层理倾角煤样振铃计数的静默期持续时间较长,而后两组煤样的静默期持续时间较短。其次表现在振铃计数的爆发期:0°层理倾角煤样振铃计数的爆发期呈现突然爆发、迅速回落的特征;

90°层理倾角煤样的振铃计数的爆发期呈现出间歇爆发、多个峰值的特征；45°层理倾角煤样的振铃计数的爆发期同时呈现出上述两种特征。

1.3 考虑层理及割理的冲击倾向性煤本构模型

1.3.1 节理岩体各向异性本构研究

煤岩也属于岩石的一种，与其他岩石一样，其力学性质受到其内部广泛分布的节理的影响。为了描述节理对岩石力学性质的影响，许多国内外学者采用数值模拟、理论分析、室内试验的方式，分析了岩体中不连续面对岩石性质的影响。在数值模拟方面，岩石节理的剪切行为、双轴压缩下的失效行为均被模拟分析。在建立岩石节理本构方面，学者们引入了双曲线破坏准则、断裂张量分量、极限概念、宏观和细观损伤张量来描述岩体中的节理。此外，通过基于循环加载试验的岩石节理本构模型亦被提出。

为了描述岩石内多组节理的影响，Gerrard 最早提出了含多组岩石节理的弹性本构模型；Wang 等从含节理岩石的失稳模式、节理的闭合及扩容行为以及峰后软化行为丰富了含多组节理的岩石本构模型；Agharazi 等建立了一个名为 jointed rock 的岩体节理本构模型，并将其植入到 FLAC³ᴰ 中与 3DEC 软件进行了对比验证，并讨论了该本构的尺寸效应，当节理间距相对受载岩体较小时，其应用效果良好。上述本构模型在描述节理岩体的力学响应中发挥了重要作用。然而，同时考虑层理与割理的煤岩本构模型尚无人提出。

实际上，煤岩中广泛分布的层理与割理明显削弱了煤的强度。如图 1-13 所示，与其他岩石相比，煤岩的低强度特征经常诱发煤岩巷道或者工作面失稳。建立一个包含层理及割理的本构模型,揭示层理及割理对煤岩力学性质的影响具有一定的研究意义。

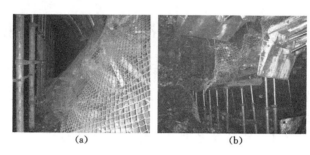

(a)   (b)

图 1-13   煤岩的工程失稳

(a) 煤巷失稳;(b) 煤壁坍塌

1.3.2 考虑层理及割理的冲击倾向性煤岩本构模型

本书试图在任意坐标系下建立考虑层理和割理效应的冲击倾向性煤岩(以下简称煤岩)各向异性本构模型。该模型包含煤岩受载演化的后三个阶段,即弹性阶段、裂纹扩展阶段、峰后台阶跌落阶段,三个阶段中均需考虑层理及割理对煤岩性质的影响。图 1-14 为建立的煤岩全局坐标系与层理局部坐标系关系示意图,图中层理面与 Y' 轴垂直,面割理、端割理分别与 Z'、X' 轴垂直。

(1)煤岩的增量型本构关系

考虑煤岩中赋存层理、面割理、端割理近乎两两垂直,故煤岩的变形遵循正交各向异性理论的变形条件,且其软化行为采用其力学参数随损伤或塑性参数的演化规律来实现。因此,在层理局部坐标系下,煤的增量型弹性应力-应变关系为:

$$\mathrm{d}\sigma' = [K']\mathrm{d}\varepsilon' \tag{1-1}$$

式中 $[K']$——局部刚度矩阵,可表示为:

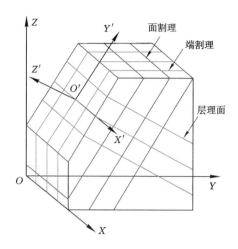

图 1-14 煤的全局坐标系与层理局部坐标系关系示意图

$$[K] = \begin{bmatrix} C_{11} & C_{12} & C_{13} & 0 & 0 & 0 \\ C_{12} & C_{22} & C_{23} & 0 & 0 & 0 \\ C_{13} & C_{23} & C_{33} & 0 & 0 & 0 \\ 0 & 0 & 0 & C_{44} & 0 & 0 \\ 0 & 0 & 0 & 0 & C_{55} & 0 \\ 0 & 0 & 0 & 0 & 0 & C_{66} \end{bmatrix}$$

其中：

$$C_{11} = E_1, C_{22} = E_2, C_{33} = E_3,$$

$$C_{12} = -\frac{E_2}{\mu_{12}}, C_{13} = -\frac{E_3}{\mu_{13}}, C_{23} = -\frac{E_3}{\mu_{23}},$$

$$C_{44} = G_{23}, C_{55} = G_{13}, C_{66} = G_{12}$$

式中 E_1, E_2, E_3——层理局部坐标系中 X'、Y'、Z' 方向的弹性
模量；

m_{23}, m_{13}, m_{12}——层理局部坐标系中 X'、Y'、Z' 方向的泊松比；

G_{23}, G_{13}, G_{12}——层理局部坐标系中 X'、Y'、Z' 方向的刚性剪切模量。

将上述关系从局部坐标系转换为全局坐标系（见图 1-14），则在全局坐标系中，增量型弹性应力-应变关系为：

$$d\sigma = [K] d\varepsilon \tag{1-2}$$

$$[K] = Q [K'] Q^T \tag{1-3}$$

式中，$[K]$ 为全局坐标系，Q 为转换矩阵，由局部坐标系中的方向余弦构成。同理，可得煤和层理面应力张量的分量关系式：

$$d\sigma' = Q^T d\sigma Q \tag{1-4}$$

对于塑性应变增量，则通过塑性势函数获得，即：

$$[d\varepsilon^p] = \left[\lambda \frac{\partial g}{\partial \sigma}\right] \tag{1-5}$$

式中 λ——煤基质或者层理面及割理面的塑性指示因子；

g——煤基质或者层理面及割理面的塑性势函数。

则总应变增量为：

$$d\varepsilon = d\varepsilon^e + d\varepsilon^p \tag{1-6}$$

（2）基质、层理及割理的屈服准则与塑性势函数

大量的室内试验和现场实践表明，煤体的破坏模式主要包括煤的拉破坏和剪破坏、层理面的拉破坏和剪破坏（或沿层理面滑移破坏）、割理面的拉破坏和剪破坏（或沿割理面滑移破坏）以及它们的复合型破坏等等。因此，为描述这些破坏模式，煤的屈服准则选用带拉伸截止限的莫尔-库仑（Mohr-Coulomb）屈服准则。如图 1-15 所示，线 AB 为 Mohr-Coulomb 剪切屈服准则 $f_s = 0$，而线 BC 为拉伸屈服准则 $f_t = 0$。

$$f_s = \sigma_1 - \sigma_3 N_\varphi + 2c \sqrt{N_\varphi} \tag{1-7}$$

$$f_t = \sigma_3 - \sigma_t \tag{1-8}$$

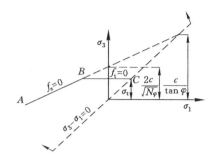

图 1-15 煤的 Mohr-Coulomb 屈服准则

其中：

$$N_{\varphi} = \frac{1+\sin\varphi}{1-\sin\varphi} = \tan\theta^2$$

式中 c,j,σ_t——煤的黏聚力、内摩擦角和抗拉强度。

与上述屈服准则相关联的塑性势函数如下：

$$g_s = \sigma_1 - \sigma_3 N_{\psi} \tag{1-9}$$

$$g_t = -\sigma_3 \tag{1-10}$$

其中：

$$N_{\psi} = \frac{1+\sin\psi}{1-\sin\psi}$$

式中 ψ——煤的膨胀角。

对于层理面或者割理面，设置独立坐标系，其方位分别用层理面或者割理面的倾角 dip 和方位角 dd 来表示，其中 dip 是层理面或割理面的倾角，即层理面或割理面与 XY 平面的夹角；dd 是层理面或割理面的倾向，即层理面或割理面投影成一条线后该线与 Y 轴的夹角，以 Y 轴为 0°，顺时针为正。

鉴于层理面或者割理面均无较大起伏，作用于其上的剪应力和正应力呈线性关系，选用带拉伸截止限的 Mohr-Coulomb 屈服准则可描述该种关系。层理面或者割理面剪切和拉伸屈服准则如下：

$$f_j^s = \tau_j - \sigma_{3'3'} \tan \varphi_j - c_j \tag{1-11}$$

$$f_j^t = \sigma_{3'3'} - \sigma_j^t \tag{1-12}$$

其中：

$$\tau_j = \sqrt{\sigma_{1'3'}^2 + \sigma_{2'3'}^2}$$

式中　$\sigma_{1'3'}, \sigma_{2'3'}, \sigma_{3'3'}$——局部坐标系下应力张量的分量；

$c_j, \varphi_j, \sigma_j^t$——层理或者割理的黏聚力、内摩擦角和抗拉强度。

层理面或者割理面的塑性势函数为：

$$g_j^s = \tau_j + \sigma_{3'3'} \tan \psi_j \tag{1-13}$$

$$g_j^t = \sigma_{3'3'} \tag{1-14}$$

式中　ψ_j——层理或割理的膨胀角。

（3）煤体的软化特性

煤的全应力应变曲线表明，在峰后阶段，煤表现出明显的脆性特性，或爆裂为碎块，或胀裂为片状，峰后强度剧烈下降，因此，在所建立的模型中，必须考虑煤的软化特性，并通过引入塑性参数来实现。

对于煤、层理面、割理面分别采用塑性剪切参数和塑性拉伸参数来表征煤体塑性程度，以层理面为例，其增量型数学表达式可以表述为：

$$dk_j^s = \frac{\sqrt{2\,(d\varepsilon_{3'3'}^{ps})^2 + (d\varepsilon_{1'3'}^{ps})^2 + (d\varepsilon_{2'3'}^{ps})^2}}{3} \tag{1-15}$$

$$dk_j^t = d\varepsilon_{3'3'}^{pt} \tag{1-16}$$

式中　$d\varepsilon_{1'3'}^{ps}, d\varepsilon_{1'3'}^{ps}, d\varepsilon_{2'3'}^{ps}$——层理面局部坐标系内塑性剪切应变增量；

$d\varepsilon_{3'3'}^{pt}$——层理面的塑性拉应变增量。

定义煤、层理面、割理面的力学参数为塑性参数的函数为：

$$c = c(k^s), \varphi = \varphi(k^s), \psi = \psi(k^s), \sigma_t = \sigma_t(k^t) \qquad (1\text{-}17)$$

$$c_j = c_j(k^s_j), \varphi_j = \varphi_j(k^s_j), \psi_j = \psi_j(k^s_j), \sigma^t_j = \sigma^s_j(k^s_j) \qquad (1\text{-}18)$$

1.4　冲击倾向性煤各向异性本构的数值实现

根据快速拉格朗日算法,如果 t 时刻的应力状态和 Δ_t 时间步长的应变增量已知,则可以得到应力增量和时间 $t+\Delta_t$ 处的应力。在分析过程中,当发生弹性变形时,应力增量可以直接从应力-应变关系中获得。如果发生塑性变形,则应力增量仅仅由总应变增量的弹性部分来获得。根据上述煤体各向异性本构模型有限差分数值计算方法,利用 FLAC^{3D} 提供的自定义模型 UDM 的接口以及 VC++编程语言,将所建立的本构模型编译成 DLL 文件(动态链接库),嵌入到该软件中,从而实现该模型的数值计算功能。

1.4.1　模型建立与参数选取

该模型的尺寸为 $\phi 25$ mm$\times 50$ mm。模型包含 40 000 个单位和 41 626 个节点,如图 1-16 所示。三组正交的节理面用来表示层理、面割理与端割理,三组节理保持两两垂直的位置关系,三组节理采用 FLAC^{3D} 中的遍布节理模型(ubiquitous-joint model)。

模型中同时考虑基质与节理的力学性质,模型的破坏同时考虑煤基质和三组弱面的破坏。煤基质、层理、面割理和端割理的力学参数分别见表 1-5～表 1-6。

表 1-5　　　　　　　　煤基质的力学参数

参数	E_1/GPa	E_3/GPa	μ_{12}	c/MPa	φ/(°)	σ_t/MPa	ψ/(°)
数值	1.1	0.9	0.35	12	40	2	10

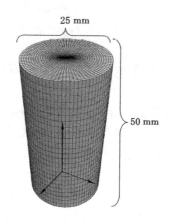

图 1-16　模拟的模型

表 1-6　　　　　　　　　三组弱面的力学参数

	层理	面割理	端割理
黏聚力 c/MPa	6	8	10
内摩擦角 φ/(°)	25	30	35
抗拉强度 σ_t/MPa	0.5	1	1.5
碎胀角 ψ/(°)	5	5	5

1.4.2　单轴压缩曲线验证

模拟压缩过程中,固定模拟圆柱试样的 X、Z 轴两端,对 Y 轴方向实施加载。Y 轴方向的应变为轴向应变,Y 方向的应力作为轴向应力。为了研究不同加载方向下煤岩性质的各向异性,首先模拟了层理面倾角为 0°、45°、90°时,煤岩试样的单轴压缩过程,并将三组结果分别与真实的煤岩加载试验结果进行对比。应力-应变曲线的对比如图 1-17 所示,对比中选择的真实加载的煤岩试样分别为 Z-1、F-1、N-1 试样。对加载的设置要求为,加载速度尽量低,以保证模型应力平衡,模拟中圆柱试样的 Y 轴上下两端的加载速度为 2×10^{-8} m/s;达到峰值后,需对峰后的强度参数实施软化,从而实现煤岩峰后的台阶跌落。

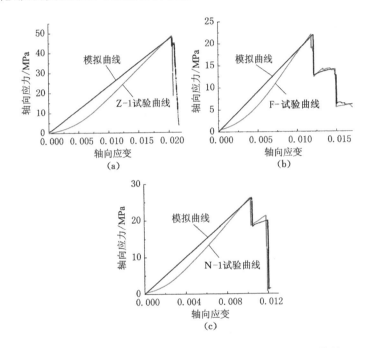

图 1-17　煤样单轴压缩应力-应变曲线的模拟结果与试验结果

(a) Z-1;(b) F-1;(c) N-1

由图 1-17 可知,植入了本书构建的包含层理及割理的各向异性本构的煤岩试样体现出了煤岩单轴压缩的各个特征。其应力-应变曲线呈现出煤岩试样真实加载试验中的后三个阶段,即弹性阶段、裂纹扩展阶段和峰后台阶跌落阶段。从煤岩试样受载的峰前应力演化、峰值强度、峰后的台阶跌落特征来看,模拟曲线与实际加载试样的吻合度较好。需要注意的是:模拟曲线在加载初期稍稍位于加载曲线上方,未能与实际加载曲线很好吻合,这是由于模型没有考虑煤岩受载的压密阶段,对于加载初期的这段非线性特征将在下一章进行深入讨论。

为了直接对比试样的峰值强度,将模拟煤岩试样的峰值强度与实际单轴压缩试验中煤样的强度在同一角度坐标系中对比,如图 1-18 所示。

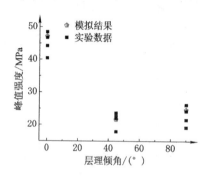

图 1-18 不同层理倾角的煤样强度的模拟结果与试验结果的对比

对比可知,3 个模拟煤岩试样的强度分别均位于 3 组试验数据之间。当层理倾角为 90°时,煤样强度最高,达 47.1 MPa,是层理倾角为 45°(21.7 MPa)煤样强度的两倍以上。当层理倾角为 0°时,煤样的强度介于上述两者之间,约为 24.1 MPa。本书所建煤岩各向异性本构模型能够反映含层理及割理岩体受载时的强度特征。

1.4.3 破坏模式验证

将模拟试样的破坏模式与试验结果进行比较。图 1-19 显示了不同层理及割理倾角下模拟煤样的破坏形貌。由于层理与面割理为主要弱面,选择同时与层理面和面割理垂直的平面为展现剪切应变云图的截面,充分揭示不同受载方位下煤岩模型的破坏模式。

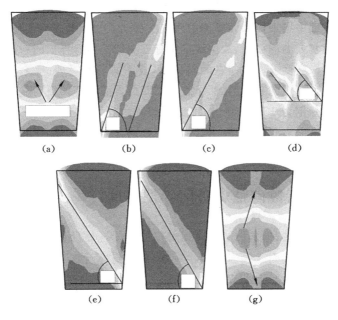

图 1-19 不同层理倾角的煤样的剪切应变云图分布

(a) 0°；(b) 15°；(c) 30°；(d) 45°；(e) 60°；(f) 75°；(g) 90°

取不同层理倾角(间距为 15°)的峰值强度处的剪切应变速率云图,如图 1-19 所示。根据试验结果对照,分析层理倾角为 0°、45°和 90°时数值模拟的煤样的破坏模式。层理倾角为 0°时,模拟的煤岩试样强度最高,能量大量积聚,高剪切应变主要发生在模拟试样的中部,而真实的室内试验中煤样也是沿中部发生爆裂,二者结果一致;层理倾角为 45°时,剪切应变速率较大的区域为两个倾角为 49°的斜面,说明试样破坏会沿着这组斜面发生滑移失稳,与试验结果也保持一致;当层理倾角为 90°时,破坏模式与 0°情况类似,但此时模型的顶部和底部比层理为 0°破坏程度更大,试验中的破坏模式一致。

其他层理倾角的剪切应变速率云图也显示在图 1-19 中。由于该模型中层理面和面割理的垂直关系，且均选择 $X=0$ 面作为剪切应变云图的截面，故保证了所有云图截面均选择了同一位置。如果剪切应变云图是向左倾斜的，则破坏面沿着层理；反之，如果剪切应变云图向右倾斜，那么破坏平面沿着面割理。很明显，当层理倾角分别为 15°和 30°时，即面割理倾角分别为 75°和 60°时，煤岩的失稳面沿着面割理；当层位倾角分别为 45°、60°和 75°时，即面割理倾角为 45°、30°和 15°时，煤岩的失稳面沿着层理面。

1.5　冲击倾向性煤各向异性强度讨论

长久以来，学者们对于层理对煤岩力学性质的影响已进行了深入研究。然而对煤岩中的次一级弱面-割理对煤岩力学性质的影响尚少有涉及。本节借助本书建立的含层理割理的冲击倾向性煤岩的各向异性本构模型，详细分析不同层理及割理倾角下，煤岩试样的强度特征。

1.5.1　基于单弱面理论的煤岩屈服准则分析

层理、面割理和端割理相互垂直。如果设置了层理的方位，那么面割理和端割理的分布方位也是确定的。假定层理倾角为从 0°到 90°，其倾向为 0°，由于三组弱面相互正交，无论层理的倾角如何，都有一组弱面（面割理或者端割理）的倾角始终保持 90°。假设端割理是这组不连续面，则这组平面的强度对煤的整体强度影响不大。在一定轴向压力下的煤岩模型的应力状态如图 1-20 所示。l_0、l_1 和 l_2 分别为煤基质、面割理和端割理的抗剪强度包络曲线。由于层理面垂直于面割理，面割理上的剪应力与层理面上的剪应力大小相等，方向相反。

下面分析不同层理倾角下煤岩模型的强度。假定 α 代表层理的倾角，如图 1-20 所示，当层理倾角满足 $0° < 2\alpha < 2\eta$ 时，点 A 和

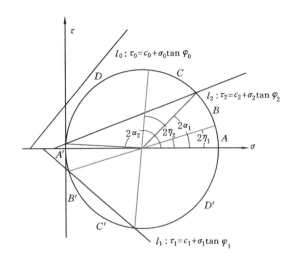

图 1-20　单轴压缩过程中不同层理及割理面上的应力状态

A' 可以分别表示层理面和面割理的应力状态。显然,煤的强度若不受层理和面割理的影响,煤样可承受较大的压应力。当层理倾角满足 $2\eta_1 < 2\alpha < 2\alpha_1$ 时,B 点和 B' 点分别代表层理和面割理的应力状态。面割理的应力状态(B' 点)满足了面割理的破坏准则,煤岩沿着一个面割理平面失稳,此时煤岩的强度由面割理决定。同样地,当层理倾角满足 $2\alpha_1 < 2\alpha < 2\eta_2$ 时,C 点和 C' 点分别表示层理和面割理的应力状态,煤岩的强度由两者共同决定。当层理倾角满足 $2\eta_2 < 2\alpha < 2\alpha_2$ 时,煤岩沿层理面出现失稳,层理面是决定煤岩强度的不连续面。当层理倾角达到 $2\alpha > 2\alpha_2$ 时,煤岩强度不受层理和面割理的影响。总的来说,层理面影响的角度范围(从 $2\alpha_1$ 到 $2\alpha_2$)大于面割理的影响范围(从 $2\eta_1$ 到 $2\eta_2$)。

1.5.2　数值模拟分析

　　首先分析不同层理及割理倾角下,包含层理和割理的模拟煤岩试样的峰值强度。然后将其结果与仅包含层理或割理的煤岩峰值强度进行比较,对比分析层理和割理对煤岩强度的影响。为了考虑层理和割理倾角的影响,在单轴压缩过程中,仅改变层理与割理的倾角,而煤基质、层理和割理的其他参数保持不变。层理及割理面的参考方位与上述情况相同,选择层理倾角作为煤岩中裂隙网络的参考方向。每隔 15°一个间隔,获得层理倾角为 0°、15°、30°、45°、60°、75°、90°的单轴压缩强度,作出层理倾角-峰值强度曲线,如图 1-21 所示。方位角与加载方向一致,即 0°。

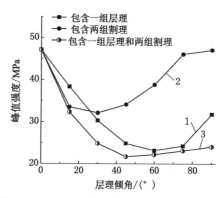

图 1-21　煤岩模型包含不同组弱面时的强度值

随着层理倾角的增加,即层理倾角从 0°增大到 90°(面割理倾角从 90°减小到 0°,端割理倾角保持在 90°),煤岩的峰值强度呈先降低后升高的变化趋势。当层理倾角为 0°(面割理倾角为 90°,端割理倾角为 90°)时,峰值强度最高,其值为 47.1 MPa。当层理面与最大剪应力面一致,即层理倾角为 45°(面割理倾角为 45°,端割理倾角为 90°),模拟的煤岩峰值强度最低,约 21.7 MPa。层理倾角大于 45°时,煤岩试样的峰值强度呈上升趋势。当层理倾角为 90°(面割理倾角为 0°,端割理倾角为 90°)时,峰值强度达到另一个极值,即 24.1 MPa。数值模拟中,层理倾角为 90°的煤岩峰值强度比层理倾角为 45°时煤岩的峰值强度高 2.4 MPa,与试验结果(1.3 MPa)差别不大。

为了揭示层理和割理的影响,分别模拟了仅包含层理或割理时,煤岩强度随弱面的变化,如图 1-21 中的曲线 1 和曲线 2 所示。当模拟层理对强度的影响时,模型中的面割理被隐藏;同理,当模拟面割理对强度的影响时,模型中的端割理被隐藏。由于层理与面割理的正交关系,仅含有面割理的煤岩模型的曲线经历了与仅含层理的煤岩模型曲线相反的过程。

整体上看,同时含层理和割理的煤岩模型强度曲线低于其他两条曲线,表明含多组不连续弱面的煤岩模型的峰值强度同时受到这些不连续面的影响;曲线 1 比曲线 2 更接近曲线 3,表明层理对煤岩强度的影响更为显著。但需要注意的是,割理的影响也是不可忽视的。曲线 3 始终保持在曲线 1 以下,这表明面割理削弱了煤的强度。从最小强度出现的位置来看,曲线 1 和曲线 3 的最低位置对应的层理倾角不同,曲线 1 的最小强度出现在层理倾角为 60°时,而曲线 3 的最小强度出现在层理倾角为 45°处。此外,曲线 3 的最小强度值低于曲线 1 的最小强度。这表明,割理改变了最小强度对应的层理角度,并且弱化了最小强度值。综上所述,层理对煤岩强度起决定作用,而割理的影响也是不可忽视的,模型中忽略割理则会高估煤岩的强度,甚至错误判断煤岩的失稳方向。

1.6　本章小结

根据忻州窑冲击倾向性煤样中层理、面割理、端割理的相互正交的定向分布关系,实施了考虑层理及割理角度的超声波波速测试试验、单轴压缩及声发射监测试验,系统分析了层理及割理对煤岩力学性质的影响。并建立了含层理、面割理和端割理的冲击倾向性煤岩的各向异性本构模型。并将该本构模型植入了 FLAC^{3D}

中,实现了模型验证。以层理面倾角为基准,根据该本构模型模拟了不同层理及割理倾角下,煤岩试样的破坏模式与强度特征,得到以下结论。

(1)层理方位对同种煤样的纵波波速有着重要影响。超声波通过煤样的不连续面时,能量发生了反射与折减,与割理等其他不连续面相比,层理的层间距大,对声波的阻碍作用强,因而在正对层理面传播时(Z组煤样)波速衰减最多,超声波的传播速度最慢;而在顺着层理面传播时(N组煤样),波速衰减最少,超声波的传播速度最快;层理面倾角为 45°时,波速位于两者之间。

(2)当层理面倾角为 0°、面割理和端割理倾角为 90°时,煤样具有较高的强度,试样受载时峰前期积累了大量能量,导致煤样破坏状态剧烈,脆性特征明显;AE 信号的爆发阶段短暂而剧烈;应力-应变曲线非线性段较长,变形模量较小。

当层理和面割理均为 45°、端割理倾角为 90°时,试样的峰值强度最低,主要破断面沿着结构弱面,并且主破坏面上有若干分支裂缝,应力-应变曲线呈现阶梯式跌落,AE 信号在爆发期出现多个峰值。

当层理和和端割理倾角为 90°、面割理倾角为 0°时,煤样的强度略大于 45°煤样的强度;其破坏模式是由于压缩造成的层理的拉伸破坏;在破坏面上有几个板状裂纹,应力-应变曲线也有阶梯状跌落形态,AE 信号有多个峰值;此时煤样的压缩空间不明显,应力-应变曲线的非线性阶段较短,变形模量较大。

(3)建立了考虑层理及割理的冲击倾向性煤岩的各向异性本构模型。模型中考虑了层理、面割理及端割理的定向分布关系,包括煤岩受载的弹性阶段、裂纹扩展阶段和峰后台阶跌落阶段,模型失效准则为含拉伸截止限的莫尔-库仑准则。该各向异性本构模型被植入到 FLAC^{3D} 中,并对比了不同层理及割理倾角下,煤岩模型与试验试样的单轴压缩试验曲线及煤岩破坏模式。该模型能良好地体现除压密阶段外,煤岩受载的弹性、裂纹扩展和台阶跌落阶段;层理倾角为 0°、45°及 90°时的峰值强度也位于试验结果范围之内,破坏模式也与实验结果吻合良好。

（4）利用该本构模型,在 FLAC³ᴰ 中以 15°为间隔,连续模拟了层理倾角从 0°增加到 90°过程中煤岩模型单轴受载的破坏模式。对于煤岩的破坏模式,随着层理面倾角的增加,破坏模式发生着变化:在层理面倾角为 0°时,煤岩的破坏主要为煤基质的失稳破坏;在层理面倾角为 15°和 30°（即面割理倾角为 75°和 60°）时,煤岩的破坏主要为面割理的剪切破坏;当层理面倾角为 45°、60°和 75°及层理面倾角为 45°、30°和 15°时,煤岩的破坏为层理面的剪切破坏;当层理面为 90°时,煤岩的破坏为层理面的拉破坏。

（5）利用该本构模型,在 FLAC³ᴰ 中以 15°为间隔,连续模拟了层理倾角从 0°增加到 90°过程中,煤岩模型单轴受载的峰值强度。结果表明:层理倾角为 0°时,煤样的强度最高,为 47.1 MPa;层理面从 0°增加到 45°过程中,煤岩强度逐渐降低,在层理倾角为 45°时,试样的强度最低,为 21.7 MPa;随着层理面倾角从 45°增加到 90°,煤岩试样的强度又呈现一定的上升趋势,在层理倾角为 90°时,达到另一个峰值 24.1 MPa。

（6）分别模拟了仅包含层理或面割理时,煤岩强度随弱面的变化。对比发现,层理对煤岩强度的影响起决定性作用,但割理对煤岩强度的影响也是不可忽视的。面割理从整体上削弱了煤岩的强度,且改变了最小强度对应的层理角度。忽略割理会高估煤岩的强度,甚至错误判断煤岩的失稳方向。

参考文献

[1] 王赟,许小凯,张玉贵.六种不同变质程度煤的纵横波速度特征及其与密度的关系[J].地球物理学报,2012,55(11):

3754-3761.

[2] AGHARAZI A, MARTIN C D, TANNANT D D. A three-dimensional equivalent continuum constitutive model for jointed rock masses containing up to three random joint sets [J].Geomechanics and geoengineering,2012,7(4):227-238.

[3] BAHAADDINI M, HAGAN P C, MITRA R, et al. Scale effect on the shear behaviour of rock joints based on a numerical study[J].Engineering geology,2014,181:212-223.

[4] BAHAADDINI M, SHARROCK G, HEBBLEWHITE B K. Numerical direct shear tests to model the shear behaviour of rock joints[J].Computers and geotechnics,2013,51:101-115.

[5] GENS A, CAROL I, ALONSO E E.A constitutive model for rock joints formulation and numerical implementation[J]. Computers and geotechnics,1990(9):3-20.

[6] GERRARD C M.Elastic models of rock masses having one, two and three sets of joints[J].International journal of rock mechanics and mining sciences and geomechanics,1982,19 (1):15-23.

[7] LIU H Y, LV S R, ZHANG L M, et al.A dynamic damage constitutive model for a rock mass with persistent joints[J]. International journal of rock mechanics and mining sciences, 2015,75:132-139.

[8] LIU H Y, SU T M.A dynamic damage constitutive model for a rock mass with non-persistent joints under uniaxial compression[J].Mechanics research communications,2016, 77:12-20.

[9] NEMCIK J, MIRZAGHORBANALI A, AZIZ N.An elasto-plastic constitutive model for rock joints under cyclic loading and

constant normal stiffness conditions [J]. Geotechnical and geological engineering,2014,32(2):321-335.

[10] SOULEY M, HOMAND F, AMADEI B. An extension to the saeb and amadei constitutive model for rock joints to include cyclic loading paths[J].International journal of rock mechanics and mining sciences and geomechanics,1995,32 (2):101-109.

[11] WANG J G,ICHIKAWA Y,LEUNG C F. A constitutive model for rock interfaces and joints [J]. International journal of rock mechanics and mining sciences,2003,40 (1):41-53.

[12] WANG T, HUANG T. A constitutive model for the deformation of a rock mass containing sets of ubiquitous joints [J]. International journal of rock mechanics and mining sciences,2009,46(3):521-530.

[13] WU Q,KULATILAKE P H S W.REV and its properties on fracture system and mechanical properties, and an orthotropic constitutive model for a jointed rock mass in a dam site in China[J].Computers and geotechnics,2012,43: 124-142.

[14] YANG X,JING H,CHEN K. Numerical simulations of failure behavior around a circular opening in a non-persistently jointed rock mass under biaxial compression [J].International journal of mining science and technology, 2016,26(4):729-738.

2 冲击倾向性煤受载压密阶段的非线性特征

煤岩压密阶段非线性行为的研究往往被学者们忽视。本章基于冲击倾向性煤岩压密阶段较长的非线性变形特征,建立了能够反映煤岩压密阶段应力-应变以及轴向应变-侧向应变非线性关系的模型,并利用该模型中的相关参数描述了影响冲击倾向性煤岩压密阶段非线性力学行为的诸多因素。本章提出的模型也适用于其他孔隙丰富、可压缩性强的岩土类材料。

2.1 煤压密阶段的研究意义及研究进展

2.1.1 岩石非线性行为的研究进展

这里先整体总结对岩石及土的非线性力学行为的研究,然后单独总结岩石压密阶段非线性行为的进展,为本书提出的煤岩压密阶段的非线性模型打基础。

(1)岩土材料非线性力学行为的研究

为了描述非线性弹性行为,Lionço 和 Assis 使用了一个与应力状态相关的函数来代替恒定的弹性模量。Tutuncu 等人对砂岩实施了单轴循环加载试验,揭示了应变幅度、孔隙流体等因素对弹性模量的影响。Dormieux 等假定非线性弹性行为是由岩石基质中的微裂纹引起的,建立了微观力学模型来描述岩石的非线性弹性行为。Liu 等提出了描述软煤黏弹-塑性行为的非线性模型,并建立了三维蠕变方程。Yang 和 Cheng 基于剪切蠕变试验结果提出了一个非线性黏弹性剪切蠕变模型。

（2）岩石压密阶段的研究进展

岩石的整个压缩过程实际上是由弹性变形过程和塑性变形过程构成。一般认为,塑性变形过程由裂纹稳定扩展阶段、裂纹不稳定扩展阶段和峰后阶段构成;而弹性变形过程主要由弹性阶段构成。而对于岩石受载最初的压密阶段,则很少有人讨论涉及。

对于塑性变形阶段,岩石模量的变化由岩石内部裂隙损伤演化引起,这种损伤多用弹性模量的降低来表征;对于弹性阶段,岩石模量保持不变;对于压密阶段,岩石的应力-应变曲线多为下凹形,其切线模量保持增加趋势。张志镇、宋大钊等人对岩石实施单轴循环加载试验的结果表明,岩石进入弹性阶段后卸载,其部分变形不可恢复。图 2-1 展示了砂岩循环加卸载的应力-应变曲线,该曲线清晰地展现了循环加卸载过程中,砂岩压密阶段非线性特征。

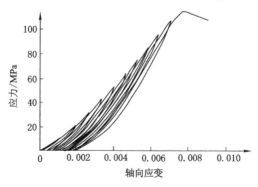

图 2-1　砂岩单轴循环加载应力-应变曲线

赵东宁等通过实施三轴压缩试验,分析了灰质泥岩压密阶段的变形特点和能量传递特征,不同围压下灰质泥岩的应力-应变曲线如图 2-2 所示。在低围压条件下,随着围压增加,岩石试样的压密强度(岩石在裂纹闭合点处的强度)逐渐增加并趋于一定值。在高围压下,随着围压增加,灰质泥岩的压密阶段逐渐变短,甚至消失。拟合结果表明由低围压到高围压的门槛值为 14.8 MPa。

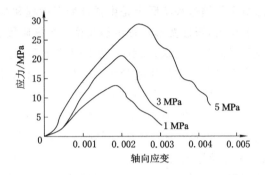

图 2-2　灰质泥岩不同围压下应力-应变曲线

曹文贵等提出了考虑压密阶段的岩石应变软化损伤统计方法。其将岩石视为岩石骨架和岩石空隙的组合体,提出同时包含空隙变形和骨架变形的岩石变形分析模型。在低应力水平时,岩石同时发生空隙闭合的非线性变形和骨架的弹性变形;随着应力水平的增加,岩石空隙变形在达到裂隙闭合点时结束;随后岩石继续发生骨架的弹性变形,直到岩石骨架达到其屈服强度;在达到屈服强度后,岩石发生岩石骨架的非线性变形,出现应变硬化、应变软化及失稳破坏的情况。正因为如此,岩石在应力逐渐增大过程中出现压密阶段、线弹性阶段、屈服阶段和峰后阶段,如图 2-3 所示。

赵永川等提出了一个基于体积应变的考虑压密阶段的岩石单轴压缩本构关系。其用岩石的体积应变表示岩石的压密程度,当岩石体积最小时,压密阶段结束,并采用 Logistic 函数来描述随轴向应变的增加岩石的压密程度。

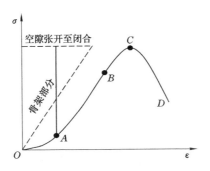

图 2-3 空隙岩石变形破坏过程

彭俊等基于有效介质理论,将岩石的轴向应变分为基质轴向应变和裂纹轴向应变两部分,建立了裂纹轴向应变对轴向应力的负指数本构模型。如图 2-4 所示,对于裂纹完全闭合之前,应力应变曲线上任意一点 A 的轴向应变 ε_1 被分解为基质轴向应变 ε_1^m 和裂纹轴向应变 ε_1^c:

$$\varepsilon_1 = \varepsilon_1^m + \varepsilon_1^c \tag{2-1}$$

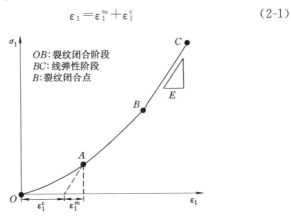

图 2-4 裂纹闭合阶段轴向应变定量分析

而对基质的轴向应变 ε_1^m 可表示为:

$$\varepsilon_1^m = \frac{\sigma_1}{E} \qquad\qquad (2\text{-}2)$$

式中，E 为岩石的轴向弹性模量，可通过求岩石弹性段斜率获得。

假定将裂纹的轴向应变表示为轴向应力的函数，则岩石的轴向应变 ε_1 可表示为：

$$\varepsilon_1 = \frac{\sigma_1}{E} + \varepsilon_1^c(\sigma_1) \qquad\qquad (2\text{-}3)$$

裂纹的轴向应变随轴向应力的增加而增加，直至裂纹完全闭合，此时裂纹的轴向应变最大，达 ε_{cc}。此后随轴向应力的增加，裂纹的轴向应变保持不变。对任意一组岩石受载的应力-应变曲线，可根据弹性阶段计算其弹性模量 E，根据式(2-3)求得裂纹的轴向应变值。根据对北非辉长岩试样的计算，发现裂纹轴向应变随轴向应力增大，并趋于一极值。该变化规律符合负指数模型，可以表示为式(2-4)。

$$\varepsilon_1^c = V_m \left[1 - \exp\left(-\frac{\sigma_1}{n} \right) \right] \qquad\qquad (2\text{-}4)$$

式中，V_m 为裂纹的最大轴向闭合应变，%；n 为模型参数。验证表明，该模型可以表征岩石单轴或三轴受载条件下的裂纹闭合效应。

2.1.2 煤岩压密阶段的研究意义

现有研究表明，岩石的受载过程通常包含 5 个阶段，即压密阶段、线弹性变形阶段、裂纹稳定扩展阶段、裂纹不稳定扩展阶段和峰后阶段。区分 5 个阶段的重要参数是岩石模量，其变化规律一直是研究的热点。在岩石力学领域，现有的针对岩石模量的研究主要围绕弹性模量和切线模量展开。前者主要依托胡克定律，忽略岩石受载时岩石模量的变化过程，仅分析在线弹性变形阶段弹性模量的大小，这类研究的热点集中在岩石的岩性效应，即不同岩石的弹性模量以及外界因素(节理、水、围压、加载率及加载路径等)对弹性模量的影响。而对于切线模量的研究实则是对整个岩石受载过程中应力-应变关系的研究,主要涉及岩石受载时岩石模量的变化。其研究主要集中在岩石由弹性阶段进入裂纹扩展阶段以后,岩石切线模量的变化规律及其表征方法,其研究方法主要包括:① 用损伤力学的观点,探讨岩石受载模量变化或建立考虑岩石模量的损伤蠕变方程;② 考虑岩石内部微观裂纹的闭合及起裂,研究切线模量的变化。除了上述研究之外,还有一部分研究致力于寻找应力-应变曲线上的突变点及临界点,如裂纹闭合点及裂纹起裂点等。

然而对于岩石受载时压密阶段的研究以及该阶段岩石切线模量的变化已被许多学者忽视。造成对该问题忽略的主要原因在于,对于大多数岩石,其压密阶段历时较短且变形不规律,研究意义不明确。对于可压缩性强的一些岩石,尤其对于内部原生裂隙广泛分布的煤岩来讲,其压密阶段呈现出与一般岩石完全不同的形态。图 2-5 展示了北山花岗岩和冲击倾向性煤岩单轴压缩的应力-应变曲线。对于致密坚硬的花岗岩,其压密阶段历时较短,且压密阶段轴向及侧向应力-应变均接近直线,其压密阶段与弹性阶段的临界点——裂纹闭合点亦不易区分;而对于冲击倾向性煤岩,其压密阶段历时较长,占据了整个煤岩受载过程的 1/4~1/3,且其压密段呈现下凹状,切线模量呈增大趋势,压密阶段与弹性阶段的临界点——裂纹闭合点也较花岗岩易区分。

造成两种岩石受载时压密阶段的应力-应变曲线演变差异的主要原因在于两种岩石的岩性及构成不同。花岗岩属于岩浆岩中的侵入岩,其主要成分为石英、钾长石和酸性斜长石等矿物,致密坚硬,含孔隙、裂隙较少,因此造成其压密阶段历时短,裂隙闭合时力学响应不明显;煤岩是一种可燃的沉积岩,其主要化学成分是碳,碳连同含量不定的其他元素(如氢、氧、硫、氮等)形成煤岩中的有机物,经过漫长的地质运动及复杂的物理化学作用,煤岩内部形成了广泛分布的裂隙,其可压缩性强,压密阶段历时长。同时,相

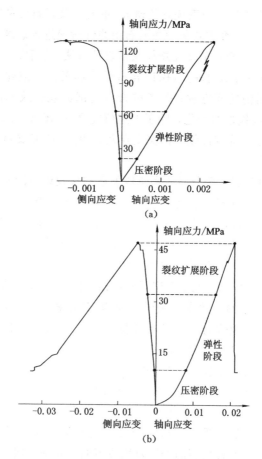

图 2-5　不同岩石单轴受载的应力-应变曲线

（a）花岗岩受载的应力-应变曲线；（b）冲击倾向性煤岩受载的应力-应变曲线

较于花岗岩，煤岩内部广泛分布的裂隙为瓦斯等气体的赋存创造了条件，研究其压密阶段对研究煤层中瓦斯运移也有一定的指导意义。

2.2 煤压密阶段非线性本构模型

2.2.1 Duncan-Chang 本构模型概述

Duncan-Chang 模型是描述土的应力-应变的一个增量型弹性模型。Duncan-Chang 本构模型的推导及主要物理量介绍如下：

（1）非线性应力-应变关系

Kondner 和他的助手在 1963 年至 1964 年的研究中提出，黏土和沙的非线性应力-应变关系与双曲线有着较高的拟合度，其提出的双曲线方程为：

$$\sigma_1 - \sigma_3 = \frac{\varepsilon}{a + b\varepsilon} \qquad (2-5)$$

式中　σ_1, σ_3 ——最大和最小主应力；

　　　ε ——轴向应变；

　　　a, b ——常数，可以通过试验获得。

对 ε 求导得切线模量的表达式：

$$E_t = \frac{a}{(a + b\varepsilon)^2} \qquad (2-6)$$

令 ε 为 0，可得初始阶段的切线弹模 E_0 的表达式：

$$E_0 = \frac{1}{a} \qquad (2-7)$$

令 ε 趋近于无穷大时，可得 b 的表达式：

$$b = \frac{1}{(\sigma_1 - \sigma_3)_{ult}} \qquad (2-8)$$

式中，$(\sigma_1 - \sigma_3)_{ult}$ 表示应变 ε 无穷大时，主应力差的极限值。a 和 b 的物理意义如图 2-6 所示，a 代表初始弹性模量 E_i 的倒数；b 代表主应力差的渐进值的倒数。

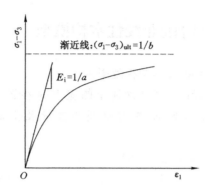

图 2-6 双曲线应力-应变模型

Kondner 等认为,参数 a 和 b 在应力-应变曲线输出时就已经确定了,如图 2-7 所示,式(2-8)可改写为式(2-9):

$$\frac{\varepsilon}{(\sigma_1 - \sigma_3)} = a + b\varepsilon \qquad (2-9)$$

a 和 b 分别表示图 2-7 中直线的截距和斜率。

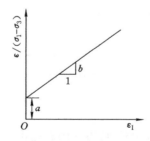

图 2-7 Kondner 模型中参数物理意义

$$令 R_f = \frac{(\sigma_1 - \sigma_3)_f}{(\sigma_1 - \sigma_3)_{ult}} \qquad (2-10)$$

式中,$(\sigma_1 - \sigma_3)_f$ 为土压裂时的主应力差;R_f 为破裂比,一般在

0.75～1.0之间。

（2）初始弹性模量和切线弹性模量

Janbu通过土的固结试验,提出了凝聚土和非凝聚土的初始模量与围压 σ_3 的关系为:

$$E_i = K p_a \left(\frac{\sigma_3}{p_a}\right)^n \tag{2-11}$$

式中, p_a 为大气压; k、n 为无因次基数和无因次指数,决定于土质的试验常数。

上式可转化为:

$$\lg \frac{E_i}{p_a} = \lg k + n \lg \frac{\sigma_3}{p_a} \tag{2-12}$$

其函数关系可由图 2-8 表示:

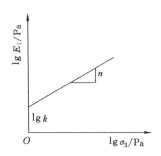

图 2-8　初始模量与围压 σ_3 的关系

可知, k、n 由 $\lg(E_i/p_a)$ 与 $\lg(\sigma_3/p_a)$ 的直线关系确定,其截距为 $\lg k$、斜率为 n。

结合莫尔-库仑强度准则:

$$(\sigma_1 - \sigma_3)_f = \frac{2c\cos \varphi + 2\sigma_3 \sin \varphi}{1 - \sin \varphi} \tag{2-13}$$

可得,切线模量的 Duncan-Chang 计算公式式为:

$$E_t = k p_a \left(\frac{\sigma_3}{p_a}\right)^n \left[1 - \frac{R_f(\sigma_1 - \sigma_3)(1 - \sin\varphi)}{2c\cos\varphi + 2\sigma_3\sin\varphi}\right]^2 \quad (2\text{-}14)$$

可见切线模量的公式中共包括 5 个材料常数:k,n,φ,c,R_f。

(3) 切线泊松比 μ_t

Duncan 等人根据一些试验资料,发现在常规三轴压缩试验中,轴向应变与侧向应变之间也存在双曲线关系,即:

$$\varepsilon_1 = \frac{-\varepsilon_3}{f + D(-\varepsilon_3)} \quad (2\text{-}15)$$

式中 f,D 均为参数。可得图 2-9,即轴向应变与侧向应变的关系。

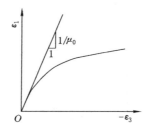

图 2-9　轴向应变与侧向应变的关系

将上式微分可得式(2-16)和式(2-17):

$$f = -\mu_0 \quad (2\text{-}16)$$

$$\mu_t = -\frac{d\varepsilon_3}{d\varepsilon_1} = \frac{\mu_0}{(1 - D\varepsilon_1)^2}\mu_0 \quad (2\text{-}17)$$

式中,μ_0 为初始泊松比;μ_t 为切线泊松比。

试验表明土的初始泊松比与试验围压有关,将它们画在单对数坐标中,得式(2-18):

$$\mu_0 = G - F\log\left(\frac{\sigma_3}{p}\right) \quad (2\text{-}18)$$

式中,G,F 为拟合参数。

　　这样在切线泊松比的计算公式中又引入了 3 种材料常数,加上非线性应力-应变关系中的 5 个常数,共有 8 个常数,即 k、n、R_f、c、φ、f、G 和 D。可以用常规三轴试验测定需要的 8 个参数。

　　Duncan-Chang 模型自提出之际,就因为其众多优点而在计算土体变形(诸如路基沉降方面)被广泛应用。一些学者也将该模型运用到岩石受载的变形之中,作者基于该模型在 2016 年提出了考虑煤体非线弹性的弹塑性本构,提出了一个可反映煤岩压密阶段非线性变形的本构模型,但该模型当时没有考虑煤岩在三维受载下的应变关系以及轴向应变和侧向应变的非线性关系。姜永东等也将该模型运用到岩石的受载变化中,但引入的参数过多,不利于将模型简化。基于前人的研究,本书提出了基于 Duncan-Chang 模型的煤岩压密阶段非线性模型。

2.2.2　煤岩压密阶段应力-应变非线性关系

　　(1) 压密阶段应力-应变的非线性关系

　　大量煤岩的应力-应变曲线表明,其压密阶段有着明显的非线性行为。而广泛分布的裂隙也造成了煤岩相对其他岩石在压密阶段具有更为明显的非线性特征。在该阶段,煤岩的切线模量并非常数。在加载初期,煤岩原生空隙尚未闭合,微小的应力增量就会导致明显的试样变形,随着载荷增加,煤岩中的微裂纹逐渐闭合,切线模量逐渐增大。在到达裂纹闭合点之后,煤岩中的原生微裂纹完全闭合被压实,煤岩进入弹性阶段,其切线模量的整体变化过程如图 2-10 所示,压密阶段的整个应力-应变曲线呈现为下凹型曲线。

　　根据煤岩试样受压应力-应变曲线及切线模量的变化特点,借助 Duncan-Chang 模型在研究土体非线性变形的经验,本书提出用双曲线拟合煤岩三轴受载时压密阶段的非线性应力-应变关系,即:

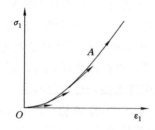

图 2-10 煤体非线性弹性阶段弹性模量变化特征

$$\sigma_1 - \sigma_3 = \frac{a\varepsilon_1}{1 - b\varepsilon_1} \qquad (2\text{-}19)$$

式中,σ_1、σ_3 为最大、最小主应力;ε_1 为轴向应变。

(2) 参数的物理意义

式(2-19)中,对 ε_1 求导得:

$$E_t = \frac{a}{(1 - b\varepsilon_1)^2} \qquad (2\text{-}20)$$

式中,E_t 表示压密阶段煤岩变形的切线模量。

当 $\varepsilon_1 = 0$ 时,$E_0 = a$。

又由式(2-19)得:

$$\varepsilon_1 = \frac{\sigma_1 - \sigma_3}{a + b(\sigma_1 - \sigma_3)} \qquad (2\text{-}21)$$

$$\lim_{\Delta\sigma \to \infty} \varepsilon_1 = \frac{1}{b} \qquad (2\text{-}22)$$

式中,$\Delta\sigma$ 表示主应力差。上述分析表明,a 为初始弹性模量,b 为主应力差趋向于无穷时的应变的倒数。考虑到在主应力差尚未趋向无穷时,应力-应变曲线已进入线性段,压密阶段与线弹性阶段的分界点如图 2-11 中 A 点所示。在进入 A 点之后,煤岩进入线弹性阶段,切线模量为一个定值,记作 E_e。为方便起见,定义系数 R_1 为:

$$R_1 = \frac{\varepsilon_e}{\varepsilon_{ult}} \qquad (2\text{-}23)$$

式中，ε_e 为曲线进入线弹性阶段时的应变；ε_{ult} 为非线性应力-应变模型中应力趋于无穷时的应变。

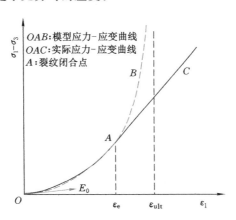

图 2-11　煤体非线性行为模型示意图

式(2-19)可以改写成：

$$\frac{\varepsilon_1}{\sigma_1 - \sigma_3} = \frac{1}{a} - \frac{b}{a}\varepsilon_1 \qquad (2\text{-}24)$$

可知，$\varepsilon_1/(\sigma_1 - \sigma_3) \sim \varepsilon_1$ 的关系为一次函数，如图 2-12 所示。其中 $1/a$ 为直线截距，$-b/a$ 为直线斜率。

2.2.3　压密阶段侧向应变-轴向应变的非线性关系

（1）压密阶段侧向应变-轴向应变的关系

为方便分析加载过程中煤岩受载的不同阶段轴向应变随侧向应变而增加的演变规律，将侧向应变-轴向应变曲线和应力-应变曲线在同一坐标轴下进行对比，以试样 Z-4、F-4 和 N-4 为例，典型的冲击倾向性煤岩的轴向应变与侧向应变之间的关系如图 2-13 所示。在压密阶段，随着轴向应变的增加，侧向应变逐渐增大，且

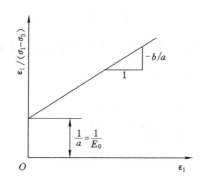

图 2-12 煤体非线性弹性模型参数物理意义

侧向应变的增加速度越来越大,其变化呈现出非线性特征,曲线呈现下凹形,该阶段的侧向应变与轴向应变之比(以下简称侧轴比)较小;随后试样进入线弹性阶段,试样的侧轴比为一个常数,侧向应变-轴向应变曲线斜率为一定值;在裂纹扩展阶段,对于试样 F-4和 N-4(尤其是 F-4),由于试样在轴向应力作用下产生剪切滑移,煤岩侧向应变会突然增加,侧轴比会出现明显上升;在峰值应力跌落阶段,煤岩体积迅速膨胀,侧向应变迅速增加,侧轴比迅速上升,呈急剧增加趋势;在峰后残余应力阶段,煤岩试样依然能够承受少量变形,侧轴比变化规律不明显。

为了更好地分析压密阶段侧向应变与轴向应变的变化关系,提取图 2-13 中 3 个试样峰前的轴向应力与侧向应变随轴向应变增加的变化曲线,如图 2-14 所示。

由图 2-14 可知,尽管层理倾角各异,不同层理倾角下的煤岩受载过程中,随着轴向应变的增加,煤岩的侧向应变都经历了非线性增加压密阶段与线性增加的弹性阶段,压密阶段的轴向应变-侧向应变曲线也可以用非线性曲线进行描述。

(2)压密阶段侧向应变-轴向应变双曲线模型

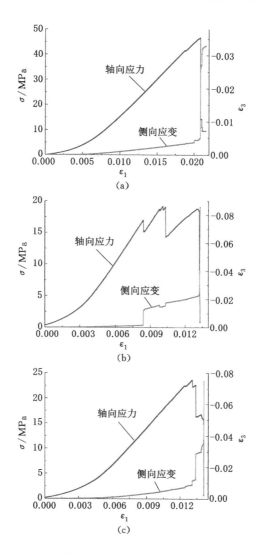

图 2-13　冲击倾向性煤岩试样单轴受载的侧向应变与轴向应变的关系

（a）Z-4；（b）F-4；（c）N-4

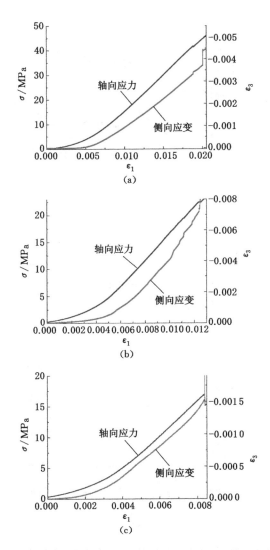

图 2-14　冲击倾向性煤岩试样单轴受载峰前侧向应变与轴向应变的关系

（a）Z-4；（b）F-4；（c）N-4

根据煤岩试样受压侧向应变-轴向应变曲线的特点,类比前文,提出压密阶段轴向应变与侧向应变之间的双曲线关系,即:

$$-\varepsilon_3 = \frac{f\varepsilon_1}{1-D\varepsilon_1} \qquad (2\text{-}25)$$

式中,ε_1 和 ε_3 分别是轴向应变和侧向应变;f、D 为待定参数。

对式(2-25)ε_1 求导得:

$$\frac{\mathrm{d}(-\varepsilon_3)}{\mathrm{d}\varepsilon_1} = \frac{f}{(1-D\varepsilon_1)^2} \qquad (2\text{-}26)$$

令

$$\mu_t = \frac{\mathrm{d}(-\varepsilon_3)}{\mathrm{d}\varepsilon_1} = \frac{f}{(1-D\varepsilon_1)^2} \qquad (2\text{-}27)$$

定义 μ_t 为压密阶段煤岩的切线泊松比,则当 $\varepsilon_1 = 0$ 时,$\mu_t = f$。定义此时的切线泊松比为煤岩的初始泊松比,用 μ_0 来表示,即 $\mu_0 = f$。

又由式(2-25)得:

$$\varepsilon_1 = \frac{-\varepsilon_3}{f+D\varepsilon_3} \qquad (2\text{-}28)$$

$$\lim_{\varepsilon_3 \to \infty} \varepsilon_1 = -\frac{1}{D} \qquad (2\text{-}29)$$

上述分析表明,f 为初始泊松比,D 为侧向应变趋于无穷大时轴向应变的负倒数。然而在真实的压缩试验中,在侧向应变 ε_1 尚未趋近无穷时,煤岩已经提前进入弹性阶段。图 2-15 为煤岩受压时轴向应变与侧向应变关系示意图。

与图 2-11 类似,压密阶段与线弹性阶段的分界点均为 A 点。在 A 点之后,煤岩进入线弹性阶段,切线泊松比为一个常数,记作 μ_e。同样定义一个系数 R'_1,即:

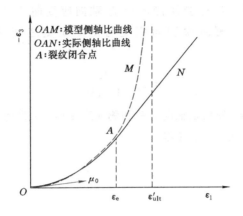

图 2-15　煤岩受压侧轴比曲线演变示意图

$$R'_1 = \frac{\varepsilon'_e}{\varepsilon'_{ult}} \tag{2-30}$$

式中，ε'_e 为侧轴比曲线进入线性段时的轴向应变；ε'_{ult} 为侧轴比曲线非线性段的侧向应变趋于无穷时对应的轴向应变。

因为煤岩受压时，无论对于应力-应变曲线还是侧轴比曲线，压密阶段与线弹性阶段的分界点 A 是固定的，故 ε_e 和 ε'_e 可以互换。而 ε_{ult} 和 ε'_{ult} 的物理意义不同，因为应力-应变曲线与侧轴比曲线是用不同的双曲线模型表达，二者的渐近线不同，对应地在轴向应变也是不同的。故 R_1 和 R'_1 的物理意义不同。

式(2-25)可以改写成：

$$\frac{\varepsilon_1}{-\varepsilon_3} = -\frac{D}{f}\varepsilon_1 + \frac{1}{f} \tag{2-31}$$

将单轴压缩试验结果按照 $\varepsilon_1/-\varepsilon_3$ 的关系进行整理，则二者呈线性关系，如图 2-16 所示，其中 $1/f$ 为直线截距，$(-D/f)$ 为直线斜率。

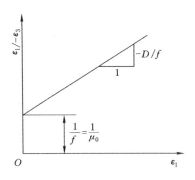

图 2-16　煤体非线性模型参数物理意义

2.3　煤压密阶段非线性行为的数值实现

2.3.1　非线性弹性行为的数值实现

煤岩压密阶段的增量方程为：

$$\Delta\sigma_{ij} = 2G_t\Delta\varepsilon_{ij} + \alpha\Delta\varepsilon_{kk}\delta_{ij} \tag{2-32}$$

式中，$\Delta\sigma_{ij}$ 为应力增量；$\Delta\varepsilon_{ij}$ 为应变增量；$\Delta\varepsilon_{kk}$ 为体积应变增量；δ_{ij} 为 Kroenecker 函数符号；G_t 为剪切模量。

$$\delta_{ij} = \begin{cases} 0, i \neq j \\ 1, i = j \end{cases} \tag{2-33}$$

$$G_t = \frac{E_t}{2(1+\mu_t)} \tag{2-34}$$

$$\alpha = \frac{E_t\mu_t}{(1-2\mu_t)(1+\mu_t)} \tag{2-35}$$

式中，E_t 为压密阶段的切线模量；μ_t 为压密阶段的切线泊松比。如果 E_t 小于线弹性阶段的模量 E_e（或者 μ_t 小于 μ_e），则：

$$E_t = \frac{a}{(1-b\varepsilon_1)^2} \text{ 且 } \mu_t = \frac{f}{(1-D\varepsilon_1)^2} \tag{2-36}$$

否则

$$E_t = E_e \text{ 且 } \mu_t = \mu_e$$

在煤岩进入塑性阶段后,选用带拉伸截止限的莫尔-库仑屈服准则。对于峰后软化阶段,采用塑性剪切参数和塑性拉伸参数来表征煤体塑性。该模型能够很好地克服以往模型未能描述煤岩压密阶段非线性行为的缺陷。

2.3.2 煤体非线性参数的获取

对于非线性参数,可采用最小二乘法给出,具体过程为首先在试样全应力-应变曲线非线性弹性段中均匀地取 $n(n \geqslant 5)$ 个点,得到这些点的 σ、ε 值。将式(2-19)改写成:

$$\frac{1}{\sigma_1 - \sigma_3} = \frac{1}{a\varepsilon_1} - \frac{b}{a} \tag{2-37}$$

令

$$A = \frac{1}{a}, B = -\frac{b}{a} \tag{2-38}$$

$$\bar{\sigma} = \frac{1}{\sigma_1 - \sigma_3}, \bar{\varepsilon} = -\frac{1}{\varepsilon_1} \tag{2-39}$$

则式(2-37)改写为:

$$\bar{\sigma} = \bar{A}\varepsilon + B \tag{2-40}$$

式(2-40)为标准线性表达式,引入最小二乘法,问题可转化为求式(2-40)的最小二乘解。计算 $\sum_{i=1}^{n} \bar{\varepsilon}$, $\sum_{i=1}^{n} \bar{\varepsilon}^2$, $\sum_{i=1}^{n} \bar{\sigma}$, $\sum_{i=1}^{n} \bar{\varepsilon} \cdot \bar{\sigma}$,解如下矩阵方程得到 A、B 值。

$$\begin{bmatrix} n & \sum_{i=1}^{n} \bar{\varepsilon} \\ \sum_{i=1}^{n} \bar{\varepsilon} & \sum_{i=1}^{n} \bar{\varepsilon}^2 \end{bmatrix} \begin{bmatrix} A \\ B \end{bmatrix} = \begin{bmatrix} \sum_{i=1}^{n} \bar{\sigma} \\ \sum_{i=1}^{n} \bar{\varepsilon} \cdot \bar{\sigma} \end{bmatrix} \tag{2-41}$$

代入式(2-38)可计算得出参数 a、b 的值。

2.4 层理对煤非线性行为的影响

研究表明煤岩的非线性力学行为受诸多因素控制,且不同岩性的岩石的非线性行为也有很大差异。本书的非线性段的试验数据,采用提出的非线性关系分析层理、加载路径对冲击倾向性煤岩非线性段的影响,揭示冲击倾向性煤岩非线性段的特征。在分析各类因素对冲击倾向性煤岩非线性的影响时,分为对应力-应变关系的影响和对轴向应变-侧向应变关系的影响两部分进行研究。

2.4.1 层理对应力-应变关系的非线性的影响

岩石层理间存在一定间隙,在不同的层理加载方向下,对层理的压缩效率不同,必然导致压密阶段的非线性特征不同。本节根据对不同层理倾角的冲击倾向性煤岩的加载情况,研究层理对其非线性阶段的影响。根据提出的压密阶段应力-应变的非线性关系,衡量压密阶段非线性行为的主要参数在于初始弹性模量 a,主应力差趋向于无穷时的应变的倒数 b 和线弹性阶段的弹性模量 E_e。

将三组不同层理倾角的冲击倾向性煤岩的轴向应力-应变曲线置于同一坐标轴下,如图 2-17 所示。需要注意的是,单轴压缩情况下,轴向应力 σ_1 与主应力之差($\sigma_1-\sigma_3$)相等。分析上述 12 条曲线的压密阶段可知:① 不管何种层理角度,煤样均具有明显的压密阶段,尤其以 0° 层理的试样最为明显;② 煤样的初始弹性模量与层理角度具有明显的相关性,其中层理为 0° 时弹性模量最小,45° 次之,90° 时初始弹性模量最大。

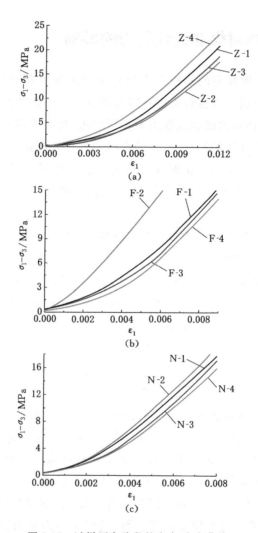

图 2-17　试样压密阶段的应力-应变曲线

（a）Z 组试样的压密阶段应力-应变关系；（b）F 组试样的压密阶段应力-应变关系；

（c）N 组试样压密阶段应力-应变关系

为定性分析层理的影响,计算了 12 个试样不同层理倾角下的煤样的非线性参数。数据提取过程如图 2-18 所示,取试验中应力-应变曲线上一部分的线弹性阶段反向延长,找到线弹性阶段与压密阶段的分界点,线弹性阶段的弹性模量即为 E_e,在压密阶段上均匀选择 5 个点,求取 a 和 b。提取的参数如表 2-1 所列。其中 E_e 为弹性段的弹性模量,$\overline{E_e}$ 表示其平均值;a 为初始段的弹性模量,$\overline{a}$ 表示其平均值;b 为以双曲线为模型的非线性段应力达到极值时应变的倒数,$\overline{b}$ 表示其平均值。

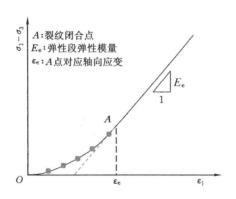

图 2-18 煤体非线性弹性段参数的求取方法

表 2-1 试样应力-应变非线性段参数计算结果

编号	E_e /GPa	$\overline{E_e}$ /GPa	a /MPa	$\overline{a}$ /MPa	$\overline{E_e}/\overline{a}$	b	$1/b$	$\overline{1/b}$
Z-1	2.997		511.5			68.34	0.014 6	
Z-2	2.833	2.955	386.2	393.1	7.51	85.50	0.011 7	0.011 9
Z-3	2.999		282.3			94.26	0.010 6	
Z-4	2.989		392.5			92.70	0.010 8	

表 2-1(续)

编号	E_e /GPa	$\overline{E_e}$ /GPa	a /MPa	$\overline{a}$ /MPa	$\overline{E_e}/\overline{a}$	b	$1/b$	$\overline{1/b}$
F-1	3.104		1 250.0			126.77	0.007 9	
F-2	2.542	2.747	470.7	754.2	3.64	99.18	0.010 1	0.009 9
F-3	2.663		567.3			93.57	0.010 7	
F-4	2.677		728.6			92.78	0.010 8	
N-1	2.873		872.0			115.41	0.008 7	
N-2	3.076	2.901	921.9	898.1	3.23	119.80	0.008 3	0.011 3
N-3	2.820		900.6			56.81	0.017 6	
N-4	2.835		897.8			92.37	0.010 7	

表 2-1 展示了不同层理倾角下的非线性参数值。首先,线弹性阶段弹模 E_e 变化不大,但 0°与 90°时的值(2.9 GPa)略大于层理倾角 45°的值(2.7 GPa),这是因为层理面倾角为 45°时,加载过程中容易发生沿层理面的滑移,导致弹性模量降低;对比 a 的变化,层理面倾角从 0°—45°—90°,初始弹性模量 a 不断增大,反映在曲线上,压密阶段逐渐缩短,不妨取 E_e/a(即线弹性阶段的弹性模量与初始弹性模量的比值)来衡量煤样的非线性段的长度,易知层理面为 0°时,比值最大,非线性段最为明显;对比 $1/b$,层理面倾角从 0°—45°—90°,非线性段应力达到极值时的应变先减小后增大,总体在应变为 0.01 处附近。

2.4.2 层理对轴向应变-侧向应变关系的非线性的影响

根据提出的压密阶段应力-应变的非线性关系,衡量压密阶段非线性行为的主要参数在于初始泊松比 f、侧向应变趋于无穷大时轴向应变的负倒数 D 和线弹性阶段的泊松比 μ_e。下面结合上述 3 个参数进行研究。将三组不同层理倾角的冲击倾向性煤岩的侧向应变-轴向应变曲线置于同一坐标轴下,如图 2-19 所示。

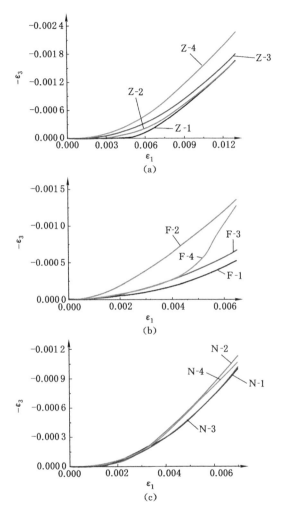

图 2-19　煤体压密阶段侧向应变-轴向应变关系

(a) Z 组试样压密阶段侧向应变-轴向应变关系；

(b) F 组试样压密阶段侧向应变-轴向应变关系；

(c) N 组试样压密阶段侧向应变-轴向应变关系

由图 2-19 可知,无论层理倾角如何变化,从压密阶段到线弹性阶段煤岩试样的侧轴比曲线都会先经历一个上凹的过程,随后步入线弹性阶段。为定性分析层理的影响,同样计算了 12 个试样不同层理倾角下的侧轴比在非线性模型中的三个主要参数 D、f、μ_e。数据提取过程与图 2-18 相同,计算结果如表 2-2 所列。

表 2-2 试样侧向应变—轴向应变非线性段参数计算结果

编号	μ_e	$\overline{\mu_e}$	f	$\overline{f}$	$\overline{\mu_e}/\overline{f}$	D	$-1/D$	$\overline{-1/D}$
Z-1	0.243		0.001 61			−157.6	0.006 3	
Z-2	0.229	0.246	0.001 37	0.007 36	33.4	−178.6	0.005 6	0.006 2
Z-3	0.237		0.005 24			−179.1	0.005 6	
Z-4	0.274		0.021 23			−141.7	0.007 1	
F-1	0.150		0.030 61			−53.2	0.018 8	
F-2	0.280	0.170	0.038 68	0.027 27	6.2	−284.6	0.003 5	0.007 6
F-3	0.145		0.024 38			−189.3	0.005 3	
F-4	0.103		0.015 42			−351.0	0.002 8	
N-1	0.281		0.010 42			−294.4	0.003 4	
N-2	0.284	0.274	0.003 75	0.009 30	29.4	−360.0	0.002 8	0.003 1
N-3	0.282		0.013 71			−249.5	0.004 0	
N-4	0.249		0.009 34			−438.5	0.002 3	

表 2-2 展示了不同层理倾角下侧向应变-轴向应变的非线性段的相关参数值。与应力-应变关系相似,线弹性阶段泊松比 μ_e 的离散型不大,但 0°与 90°的 μ_e 的值(0.246 和 0.274)大于层理倾角 45°的值(0.170),说明层理面倾角为 45°的试样加载稳定后的弹性段易沿着层理面滑移,侧向变形不显著;对比 f 的变化,层理面倾角从 0°—45°—90°过程中,初始泊松比 f 先增大后减小,说明层理面为 0°和 90°时,加载初期主要发生的是层间间隙被压实,而侧

向应变不明显,不妨取 μ_e/f(即线弹性阶段的泊松比与初始泊松比的比值)来衡量泊松比在加载初期到压密阶段结束的变化,易知层理面为 $0°$ 和 $90°$ 时这个变化过程最显著。对比 $-1/D$ 的变化,层理面倾角从 $0°—45°—90°$,侧向应变达到极值时的轴向应变先减小后增大,总体在应变小于 0.008。

2.5　本章小结

本章总结了岩石非线性力学行为的研究,针对冲击倾向性煤岩压缩过程中压密阶段过长的非线性力学行为,提出了立足于冲击倾向性煤岩并适用所有富含孔隙的松软岩石的压密阶段非线性模型,主要内容如下:

(1)提出了三轴应力下,煤岩受载的应力-应变非线性关系,采用双曲线模型来模拟煤岩压密阶段应力-应变上凹型曲线的演变过程,在压密阶段完成,煤岩到达裂隙闭合点之后,采用传统的固定弹性模量的线性关系来描述煤岩弹性段的力学行为。提出了参数 a、b、E_e 并赋予物理意义,用来描述煤岩的非线性行为应力-应变的关系。

(2)类比煤岩压密阶段的应力-应变的非线性关系,建立了煤岩压密阶段侧向应变-轴向应变上凹形曲线的双曲线模型。并提出了参数 f、D、μ_e 来描述煤岩的非线性侧向应变-轴向应变的关系。提出了煤岩压密阶段的应力-应变的非线性模型的数值实现,采用最小二乘法求取 a、b、E_e、f、D、μ_e 等参数。

(3)运用该模型分析了层理等因素对冲击倾向性煤岩压密阶段非线性力学行为的影响。层理对线弹性阶段弹模 E_e 影响不大,试样的线弹性弹模在 $2.7\sim2.9$ GPa 之间;层理面倾角从 $0°—45°—90°$,初始弹模 a 不断增大,反映在曲线上为试样的压密阶段逐渐缩短,E_e/a 的值逐渐变小,说明非线性段越来越短;对于 $1/b$,层理面倾角从 0°—45°—90°,该值先减小后增大,总体值在 0.01 处附近。

对于侧向应变-轴向应变的非线性关系,线弹性阶段泊松比 μ_e 离散型不大,但 0°与 90° μ_e 的值大于层理倾角 45°的值,说明层理面倾角为 45°的试样加载稳定后侧向变形不显著;对比 f 的变化,初始泊松比 f 先增大后减小,说明层理面为 0°和 90°时,加载初期主要发生的是层间间隙压实,而侧向应变不明显,μ_e/f 来衡量泊松比在加载初期到压密阶段结束的变化,易知层理面为 0°和 90°时这个变化过程最显著。对比 $-1/D$ 的变化,层理面倾角从 0°—45°—90°,侧向应变达到极值时的轴向应变先减小后增大,总体在应变小于 0.008。

参考文献

[1] 曹文贵,杨尚,张超.考虑弹性模量变化的岩石统计损伤本构模型[J].水文地质工程地质,2017(3):42-48.

[2] 曹文贵,张超,贺敏,等.考虑空隙压密阶段特征的岩石应变软化统计损伤模拟方法[J].岩土工程学报,2016,38(10):1754-1761.

[3] 陈新,廖志红,李德建.节理倾角及连通率对岩体强度、变形影响的单轴压缩试验研究[J].岩石力学与工程学报,2011,30(4):781-789.

[4] 范华林,金丰年.岩石损伤定义中的有效模量法[J].岩石力学与工程学报,2000,19(4):432-435.

[5] 付斌.大理岩加卸荷条件下力学特性研究[D].昆明:昆明理工大学,2017.

[6] 宫凤强,李夕兵,董陇军.圆盘冲击劈裂试验中岩石拉伸弹性模量的求解算法[J].岩石力学与工程学报,2013,32(4):

705-713.

［7］宫凤强.动静组合加载下岩石力学特性和动态强度准则的试验研究［D］.长沙：中南大学,2010.

［8］郝宪杰,袁亮,卢志国,等.考虑煤体非线性弹性力学行为的弹塑性本构模型［J］.煤炭学报,2017,42（4）：896-901.

［9］姜永东,鲜学福,粟健.单一岩石变形特性及本构关系的研究［J］.岩土力学,2005,26（6）：941-945.

［10］李斌.高围压条件下岩石破坏特征及强度准则研究［D］.武汉：武汉科技大学,2015.

［11］林斌,徐冬.不同岩性岩石的单轴抗压强度与弹性模量关系［J］.煤矿安全,2017,48（3）：160-162,166.

［12］刘建锋,裴建良,张茹,等.基于多级荷载试验的岩石损伤模量探讨［J］.岩石力学与工程学报,2012,31（增刊）：3145-3151.

［13］裴启涛,丁秀丽,黄书岭,等.地应力与岩体模量关系的理论及试验研究［J］.冰川冻土,2016（4）：889-897.

［14］彭俊,荣冠,周创兵,等.岩石裂纹闭合效应及其定量模型研究［J］.岩土力学,2016,37（1）：126-132.

［15］宋大钊,王恩元,刘晓斐,等.煤岩循环加载破坏电磁辐射能与耗散能的关系［J］.中国矿业大学学报,2012,41（2）：175-181.

［16］熊德国,赵忠明,苏承东,等.饱水对煤系地层岩石力学性质影响的试验研究［J］.岩石力学与工程学报,2011,30（5）：998-1006.

［17］张志镇,高峰.单轴压缩下红砂岩能量演化试验研究［J］.岩石力学与工程学报,2012,31（5）：953-962.

［18］张志镇,高峰.单轴压缩下岩石能量演化的非线性特性研究［J］.岩石力学与工程学报,2012,31（6）：1198-1207.

［19］赵东宁,黄志全,于怀昌,等.灰质泥岩压密段变形分析与能量传递研究[J].铁道建筑,2013(12):87-90.

［20］赵永川,杨天鸿,刘洪磊,等.基于压密和损伤函数复合作用的单轴压缩本构关系[J].金属矿山,2016(6):8-13.

［21］BIENIAWSKI Z T.Mechanism of brittle fracture of rock[J].International journal of rock mechanics and mining sciences and geomechanics abstracts,1967,4(4):395-406.

［22］BIENIAWSKI Z T.Mechanism of brittle fracture of rock[J].International journal of rock mechanics and mining sciences and geomechanics abstracts,1967,4(4):407-423.

［23］CAI M,KAISER P K,TASAKA Y,et al.Generalized crack initiation and crack damage stress thresholds of brittle rock masses near underground excavations［J］.International journal of rock mechanics and mining sciences,2004,41(5):833-847.

［24］DORMIEUX L,MOLINARI A,KONDO D.Micromechanical approach to the behavior of poroelastic materials[J].Journal of the mechanics and physics of solids,2002,50(10):2203-2231.

［25］DUNCAN J M,CHANG C Y.Nonlinear analysis of stress and strain in soils[J].Asce soil mechanics and foundation division journal,1970,96(5):1629-1653.

［26］EBERHARDT E,STEAD D,STIMPSON B,et al.Changes in acoustic event properties with progressive fracture damage［J］.International journal of rock mechanics and mining sciences,1997,34(3):71.

［27］HSIEH A,DYSKIN A V,DIGHT P.The increase in Young's modulus of rocks under uniaxial compression[J].International journal of rock mechanics and mining sciences,2014,70:

425-434.

[28] KONDER R L, ZELASKO J S. Hyperbolic stress-strain formulation of sands [J]. Proceedings, 2nd Pan-America conference on soil mechanics and foundations engineering, 1963(1):289-324.

[29] KONDNER R L, ZELASKO J S. Void ratio effects on the hyperbolic stress-strain response of a sand[J]. Laboratory shear testing of soils,1964,361:250-251.

[30] KONDNER R L. Hyperbolic stress-strain response: Cohesive soils [J]. Journal of the soil mechanics and foundations division,1963,89(1):115-143.

[31] LIONçO A, ASSIS A. Behaviour of deep shafts in rock considering nonlinear elastic models [J]. Tunnelling and underground space technology,2000,15(4):445-451.

[32] LIU C,ZHOU F,KANG J,et al.Application of a non-linear viscoelastic-plastic rheological model of soft coal on borehole stability[J]. Journal of natural gas science and engineering,2016(36):1303-1311.

[33] MARTIN C D,CHANDLER N A.The progressive fracture of Lac du Bonnet granite[J].International journal of rock mechanics and mining sciences and geomechanics abstracts, 1994,31(6):643-659.

[34] NICKSIAR M,MARTIN C D.Crack initiation stress in low porosity crystalline and sedimentary rocks[J].Engineering geology,2013,154:64-76.

[35] SONG D,WANG E,LIU J.Relationship between EMR and dissipated energy of coal rock mass during cyclic loading process[J].Safety science,2012,50(4):751-760.

[36] TUTUNCU A, PODIO A, GREGORY A, et al. Nonlinear viscoelastic behavior of sedimentary rocks, Part I: Effect of frequency and strain amplitude [J]. Geophysics, 1998, 63 (1): 184-194.

[37] TUTUNCU A, PODIO A, SHARMA M. Nonlinear viscoelastic behavior of sedimentary rocks, Part II: Hysteresis effects and influence of type of fluid on elastic moduli[J]. Geophysics, 1998, 63(1): 195-203.

[38] XUE L, QIN S, SUN Q, et al. A study on crack damage stress thresholds of different rock types based on uniaxial compression tests[J]. Rock mechanics and rock engineering, 2014, 47 (4): 1183-1195.

[39] YANG S, CHENG L. Non-stationary and nonlinear viscoelastic shear creep model for shale[J]. International journal of rock mechanics and mining sciences, 2011, 48 (6): 1011-1020.

[40] ZHAO X G, CAI M, WANG J, et al. Damage stress and acoustic emission characteristics of the Beishan granite[J]. International journal of rock mechanics and mining sciences, 2013, 64(12): 258-269.

3 冲击倾向性煤脆性度特征及其评价指标

煤的脆性是指煤所承受外力达到一定限度时,仅产生很小的变形即破坏,失去承载能力的性质。一般采用脆性度来衡量脆性的大小,脆性度越大,煤脆性特征越明显,即煤越脆。工程实践中,很多方面均涉及煤的脆性,如煤的脆性度很大程度影响了冲击地压的灾害风险性;煤的脆性度不仅影响采煤机截齿的选择,也影响其切割效率;煤的脆性度越高,煤壁片帮危险性越大等等。可见,无论是工程实践还是科学理论,煤的脆性在相关领域内都有重要价值。对于煤矿开采和灾害机制,研究煤的脆性并合理而准确地评价脆性度是至关重要的。

3.1 煤脆性度研究现状

事实证明,在脆性煤层中出现了更多的煤壁破坏和剥落现象,从而导致大面积的片帮、设备损坏和人员伤亡。因此,研究脆性破坏是理解煤脆性的重要手段。Sun 等建立了基于煤的结构信息的弹性脆性损伤模型。Rafiai 等分析了近 700 个煤样和数千个其他岩石的强度参数,并且建立了一系列的模型,通过人工神经网络来预测在脆性和韧性破损中主要应力的破坏。Bai 等开发了一种计算煤壁脆性破坏模式和剥落机理的数值算法。Peng、Feng、Li 和

Ning 等从能量转化和耗散的角度分析了煤的脆性破坏。Das 等研究了宽度/高度比对煤的峰值后区特性的影响。在前人研究的基础上,Rashed 和 Peng 确定了一定宽度/高度比和界面摩擦下,脆性变为韧性失效模型。Kim 等应用鲁棒设计研究了地层特征对煤体脆性破坏和碰撞潜力的影响。Song 等分析了单轴载荷下脆性煤样的电磁辐射特性。

然而,现有的研究并没有提出一个专门用来量化煤的脆性的指标,而是采用了广泛应用于所有岩石的脆性指标。Li 等提出了一种基于能量法的脆性指标评价方法。Yagiz 提出了一种通过穿孔渗透测试直接测量岩石脆性的方法。Özfirat 等利用单轴抗压强度和抗拉强度的算术平均值,提出了一种新的脆性指标。由于煤属于岩石,在分析煤的脆性时,一些学者使用了其他岩石的脆性指标。然而,由于煤的脆性的特殊性,在某些情况下,为其他岩石提出的脆性指标是否适用于煤需要进行判断。

3.2 当前脆性度指标对煤适用性评价

本书为了研究脆性指标对不同种类的煤的适用程度,使用了前人的测试数据来补充论证。这些试验包括:义马耿村煤矿2-1 煤样单轴压缩试验,张村煤矿 3 号煤层煤样的单轴压缩试验和巴西试验,赵固煤矿 2011 年工作面采集的煤样的单轴压缩试验,淮南矿区 B10 煤层煤样的单轴压缩试验、巴西圆盘劈裂试验、加载和卸载试验,平顶山软、硬煤样的一系列单轴压缩试验,晋城成庄煤矿煤样的三轴循环加载和卸载试验等。上述试验结果如表 3-1～表 3-4 所列。

表 3-1   试样脆性指标 B_4 和 B_5

项目	σ_c/MPa	σ_r/MPa	B_4	B_5
F-1	22.04	4.07	0.82	0.28
F-2	22.61	0	1.00	0.40
F-3	17.91	0	1.00	0.41
F-4	23.66	0	1.00	0.44
F-5	46.00	0	1.00	0.61
N-1	24.27	0	1.00	0.41
N-2	26.21	0	1.00	0.42
N-3	21.59	0	1.00	0.47
N-4	19.20	0	1.00	0.38
Z-5	49.62	0	1.00	0.65
Su 等（2012）	14.93	0.40	0.97	0.40
	14.98	0	1.00	0.45
	14.38	0.91	0.94	0.36
	18.76	0.96	0.95	0.41
	11.21	1.58	0.86	0.29
Liu 等（2013）	27.54	1.02	0.96	0.43
	23.83	5.39	0.77	0.44
Liu 等（2013）	23.68	0.65	0.97	0.50
	22.92	0.23	0.99	0.30
	20.80	0.93	0.96	0.45
	10.03	0.81	0.92	0.42
	16.54	0.14	0.99	0.41
	8.89	2.62	0.71	0.35
	8.92	1.83	0.79	0.52
	11.46	1.12	0.90	0.26

表 3-1(续)

项目	σ_c/MPa	σ_r/MPa	B_4	B_5
Su 等(2014)	33.39	0.00	1.00	0.29
	31.97	0.00	1.00	0.35
Su 等(2009)	9.98	0.13	0.99	0.36
	12.41	2.34	0.81	0.29
	16.06	0.92	0.94	0.38
Gao 等(2014)	31.66	3.19	0.90	0.90
Liu 等(2014)	33.98	10.38	0.69	0.28
	43.76	15.94	0.64	0.29
	54.37	19.25	0.65	0.29
	61.35	21.89	0.64	0.28
	72.67	26.11	0.64	0.23
He 等(2014)	53.54	36.18	0.32	0.10

表 3-2   试样脆性指标 B_9

项目	E/GPa	μ	B_9
F-1	1.51	0.31	7.51
F-2	2.32	0.29	10.55
F-3	1.33	0.27	10.02
F-4	1.46	0.95	2.59
F-5	3.05	0.29	10.66
N-1	1.98	0.35	8.28
N-2	2.14	0.35	8.76
N-4	1.66	0.27	10.42
N-3	1.80	0.29	10.46
Z-5	3.06	0.36	8.55

表 3-2(续)

项目	E/GPa	μ	B_9
Su 等(2012)	3.83	0.34	11.26
	3.75	0.31	12.10
	3.41	0.31	11.00
	3.68	0.21	17.52
	3.41	0.33	10.33
Liu 等(2013)	2.70	0.34	7.97
	2.86	0.43	6.74
	2.53	0.31	8.17
	2.70	0.33	8.17
	3.01	0.39	7.76
	2.47	0.43	5.73
	3.04	0.35	8.73
	2.04	0.42	4.91
	1.29	0.47	2.76
	2.41	0.28	8.63
Su 等(2014)	4.44	0.31	14.32
	3.95	0.26	15.19

表 3-3　　　　　试样脆性指标 B_1、B_2、B_3

项目	σ_c/MPa	σ_t/MPa	B_1	B_2	B_3
Su 等(2009)	9.98	0.30	33.27	1.50	0.94
	12.41	0.50	24.82	3.10	0.92
	16.06	0.50	32.12	4.02	0.94
Su 等(2014)	33.39	0.71	47.03	11.85	0.96
	31.97	0.60	53.28	9.59	0.96

表 3-3(续)

项目	σ_c/ MPa	σ_t/ MPa	B_1	B_2	B_3
	14.93	0.65	22.97	4.85	0.92
	14.98	0.64	23.41	4.79	0.92
Su 等(2012)	14.38	0.74	19.43	5.32	0.90
	18.76	0.80	23.45	7.50	0.92
	11.21	0.89	12.60	4.99	0.85
	27.54	0.52	53.26	7.12	0.96
	23.83	0.74	32.11	8.84	0.94
	23.68	0.97	24.49	11.45	0.92
	22.92	0.75	30.73	8.55	0.94
	20.80	0.84	24.91	8.68	0.92
Liu 等(2013)	10.03	0.28	36.33	1.38	0.95
	16.54	1.32	12.50	10.94	0.85
	8.89	0.31	28.41	1.39	0.93
	8.92	0.27	33.67	1.18	0.94
	11.46	0.78	14.64	4.49	0.87
Gao 等(2014)	31.66	1.80	17.59	28.49	0.89

表 3-4   试件脆性指标 B_6

项目	ε_t/ MPa	ε_r/ MPa	B_6
	9.64	2.06	0.21
	9.39	0.82	0.09
Liu 等(2014)	10.30	1.33	0.13
	10.66	1.62	0.15
	23.43	14.30	0.61
He 等(2014)	28.84	4.18	0.14

目前确定岩石脆性的方法有很多,包括强度(抗压强度和抗拉强度)、应力-应变曲线、变形参数、塑性参数等。通过对煤的裂纹扩展、应力-应变曲线和强度特性的分析,可以看出,虽然煤也是一种岩石,但它具有自身的特殊性,尤其是应力-应变曲线峰值后的应力下降特性。因此,上述脆性表征方法是否仍然适用于煤,需要进行深入的研究。

3.2.1　强度

煤的单轴抗压强度和抗拉强度是煤的基本强度指标。在岩石的不同脆性指标中,由于单轴抗压强度和抗拉强度试验方法易于掌握,试验数据易于在实验室获得,所以强度指标常用来衡量脆性。

目前,常用来测量岩石的脆性的强度指标有多种。然而,强度指标能否反映出煤的脆性仍需要研究。B_1 的表达式为:

$$B_1 = \sigma_c / \sigma_p \tag{3-1}$$

式中,σ_c 为抗压强度;σ_p 为抗拉强度。

通过表 3-3 的数据,分析抗压强度与抗拉强度、抗压强度与脆性指标 B_1 之间的关系。

通常情况下,随着煤的抗压强度的增加,抗拉强度通常会相应增加,这意味着指标 B_1 的分母和分子同时增加。从图 3-1 可以看出,煤的抗压强度与抗拉强度是正线性相关的,也就是说,随着煤的抗压强度的增加,抗拉强度通常会相应增加。这种情况将不可避免地导致 B_1 值产生相对较小的变化。同时,不同的煤样可能具有相同或相似的 B_1 值。

从图 3-2 可以看出,B_1 的值主要在 20～30 范围内波动。这说明 B_1 值的变化相对较小。观察点 A、B、C、D、E,不同的煤样可能具有相同或相似的 B_1 值。因此,由于煤的抗压强度与抗拉强度之间存在很强的相关性,所以 B_1 指标不适合测量煤的脆性。

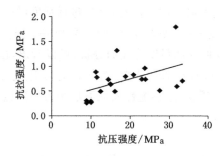

图 3-1　煤的抗压强度与抗拉强度的关系

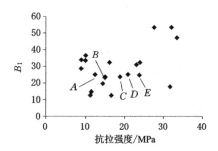

图 3-2　煤的抗压强度与指标 B_1 的关系

脆性指标 B_2 是抗拉强度和抗压强度乘积的一半,表达式如下:

$$B_2 = \sigma_c \sigma_p / 2 \tag{3-2}$$

对 B_1 的分析表明随着煤的抗压强度增加,抗拉强度通常相应增加。因此可以得出结论,随着煤的抗压强度增加,其抗拉强度相应增加。从图 3-3 可以看出,B_2 的抗压强度有增加的趋势。因此,B_2 在很大程度上反映了煤的强度特性,而不是脆性特征。

虽然脆性指标 B_3 和 B_1 以不同的形式表达,但 B_3 可以转化为 B_1 的相似表达:

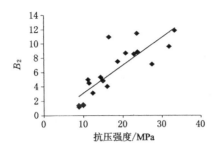

图 3-3 煤抗压强度与指标 B_2 的关系

$$B_3 = \frac{\sigma_c - \sigma_t}{\sigma_c + \sigma_t} = \frac{2\sigma_c}{\sigma_c + \sigma_t} - 1 \qquad (3-3)$$

由于煤的抗拉强度较小,从式(3-3)可以看出,分子与分母的差值很小,导致不同煤样的脆性指标变化很小。从图 3-4 可以看出,不同煤的脆性指标变化范围很窄,不同煤样之间的脆性指标的值相同。因此,指标 B_3 不能客观地反映煤的脆性。

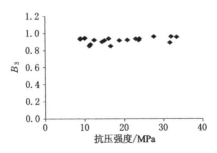

图 3-4 煤的抗压强度与指标 B_3 的关系

3.2.2 应力-应变曲线

煤的整个应力-应变曲线可以直观地得到煤压缩过程中应力与应变的关系,因此,它也是评价煤脆性的最直观的方法。此外,应力-应变曲线简单易行,易于掌握。

B_4 是目前用于测量岩石脆性的指标之一,表示如下:

$$B_4 = (\tau_p - \tau_r)/\tau_p \qquad (3\text{-}4)$$

式中,τ_p 为峰值强度;τ_r 为剩余强度。由于煤的剩余强度较小,脆性指标 B_4 的分子与分母的差值很小,导致不同煤样的 B_4 指标的变化较小。如图 3-5 所示,指标 B_4 的值主要波动在 0.95 左右。因此,B_4 不能准确反映煤的脆性程度。此外,脆性指标仅仅基于峰值强度和剩余强度,该方法只考虑了峰值后应力的大小,忽略了应力变化速度的影响。当应力下降幅度相同时,应力下降的幅度越大,煤的脆性越强。如图 3-6 所示,显然 OAB、OAC 和 OAD 具有不同的脆性,但脆性指标 B_4 无法描述这种情况。

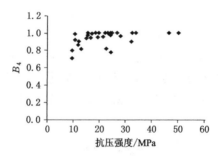

图 3-5　煤的抗压强度与指标 B_4 的关系

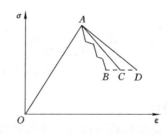

图 3-6　煤的应力-应变曲线(B_4 不能测量)

Zhou 等基于脆性指标 B_4 提出了一种新的脆性指标。他认为,峰后强度迅速下降的现象表明岩石的脆性非常强,而峰后强度下降非常缓慢甚至不减小的现象表明岩石的脆性很小。因此,他通过量化峰后应力下降的相对幅度和绝对速率提出了一种新的岩石脆性指标 B_5。B_5 的表达式如下:

$$B_5 = B_1' B_2' = \frac{\tau_p - \tau_r}{\tau_p} \cdot \frac{\lg |K_{ac(AC)}|}{10} \qquad (3-5)$$

式中,B_1' 为峰值后应力下降的相对大小;τ_p 为峰值强度;τ_r 为剩余强度;B_2' 是峰值后应力下降的绝对速率;$K_{ac(AC)}$ 是曲线从屈服点(a 或 A)到剩余强度(c 或 C)的斜率。取 $K_{ac(AC)}$ 的对数并除以 10 的目的是使 B_2 的值在 0 到 1 的范围内。

图 3-7 为 36 个煤样的单轴抗压强度与 B_5 的关系。可以看出,散点图中的点在竖轴方向上是离散的,表明 B_5 对不同的煤样有筛选作用。此外,从图 3-5 和表 3-1 可以看出,在同一批次收集的煤样中,B_5 的值是相似的。事实上,同一批次收集的煤样也有相同的脆性。B_5 指标只是证明了这一点,表明它可以粗略估计煤的脆性。

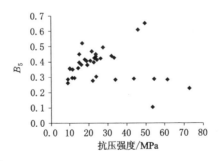

图 3-7　煤的抗压强度与指标 B_5 的关系

根据 Zhou 等对不同应力条件下同一类型岩石以及在相同应力条件下的不同岩石类型的研究,B_5 比 B_4 应用得更广泛,但对于煤炭而言,峰后应力降的现象是很常见的,并且当应力-应变曲线峰值后出现多应力降时,指标 B_5 不能用于岩石脆性测量。在图 3-8 所示的情况下,B_5 不能测量曲线 OAC 和 Oac 的脆性。

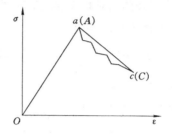

图 3-8　指标 B_5 不能测量的另一个应力-应变曲线

3.2.3　加卸载试验

在测量岩石脆性时,采用加载卸载试验进行岩石试样的试验。岩石的脆性是通过可恢复应变和岩石总应变的比值来测量的,如下所示:

$$B_6 = \varepsilon_r / \varepsilon_t \tag{3-6}$$

式中,ε_r 为可恢复的应变;ε_t 为总应变。

但这种脆性测量方法存在很大的缺陷。它认为弹性越大,岩石的脆性就越高,但这并不一定适合煤炭。图 3-9 为 B_5 与 B_6 的关系。指标 B_5 的值取为横坐标,取 B_6 的值为纵坐标。如果 B_6 可以作为脆性指标,它应该与 B_5 保持线性关系,但图中 B_5 与 B_6 之间没有线性关系。

此外,指标 B_6 考虑了岩石应力-应变曲线峰前弹性阶段的特征,而未考虑峰值应力-应变特性。岩石的脆性特征可以直接反映峰后阶段的应力与应变关系。此外,这种测量方法还需要进行煤层卸载试验。而确定卸载点的值并不容易。与刚加载的试验相比,这种实验方法无疑会增加试验的难度,无法得到预期的结果。

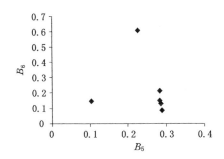

图 3-9 指标 B_6 与指标 B_5 之间的数值关系

3.2.4 塑性参数

对于金属的脆性,一般认为塑性与脆性相反,即塑性越大,脆性越小。这个规律适用于金属但不适用煤炭。由于煤的非均质性强,煤的脆性可能较强,但塑性的值在较大范围内(图 3-10),且煤的塑性和脆性应分别测定。

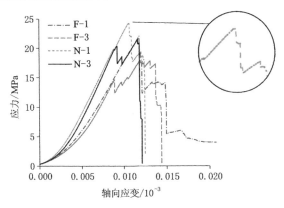

图 3-10 煤的典型应力-应变曲线脆性与塑性的关系

从图 3-10 可以看出,煤样 F-1、F-3、N-1 和 N-3 的峰值没有明显的平缓过渡,说明煤的塑性非常小。根据现有的塑性和脆性的关系,4 种煤样的脆性应该很大,它们之间的差异应该很小。然而,由于煤的非均质性,应力-应变曲线中存在多个应力降。4 个煤样之间的应力降数量和出现应力降的时间是不同的,它们之间存在很大的变化。图 3-10 中 F-1 和 N-3 峰值是相似的,而且停留在峰值的时间非常短。在应力-应变曲线中,N-3 在垂直下降之前有一个短缓冲。结果表明,N-3 的塑性比 F-1 强。然而,F-1 的峰后阶段有两个应力降,导致 N-3 的脆性远大于 F-1。此外,该指标并没有一个具体的定量评价公式。但是从定性的角度来说,可塑性越小,脆性就越大。当煤的可塑性很小时,煤的脆性可能也很小,该指标并没有考虑到这种相对差异。

3.2.5   弹性模量

弹性模量是岩石力学中最重要的力学参数之一。在一定的压力条件下,它可以综合反映岩石、关节和孔隙的结构。一些学者将弹性模量作为岩石脆性的指标。Guo 等提出用弹性模量与泊松比的比值来衡量煤的脆性,即:

$$B_9 = E/\mu$$

脆性指标 B_5 作为横坐标,脆性指标 B_9 作为纵坐标,如图 3-11 所示,B_5 与 B_9 之间存在一定的线性关系,但各点的离散性较大。因此,B_9 很难作为准确反映煤脆性的指标。

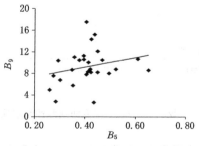

图 3-11   指标 B_9 与指标 B_5 的关系

3.2.6 碎屑含量

一些研究人员认为,破碎程度可以表明岩石的脆性。岩石破碎后的破碎程度越大,岩石的脆性越大。因此,岩石的脆性是用颗粒大小小于某一数值的含量百分比来衡量的。一般有两种测量岩石脆性的方法,分别是 B_{10}(Quinn 等,1997)和 B_{11}(Yarali 等,2011)。

$$B_{10} = S_{20}$$

式中,S_{20} 的破碎率小于 11.2 mm。

$$B_{11} = q\sigma_c$$

式中,q 是在普氏冲击试验中得到的小于 0.6 mm 的碎片;σ_c 为单轴抗压强度。

煤的节理和原生裂缝的发育程度比岩石的大。破碎程度受自然裂隙发育程度、爆炸荷载大小、试样尺寸、节点尺寸和异质性的影响较大。对破碎程度的判断相对不方便。因此,用片段含量指标来衡量煤的脆性有一定的意义,特别是用于反映地压损伤程度,但仍存在一定的局限性。

3.2.7 脆性指标对煤的适用性讨论

目前,岩石的脆性有许多指标,但这些指标很难准确反映煤的脆性。煤是一种特殊的岩石,其抗压强度与抗拉强度呈线性关系,在不同的煤样中,指标 B_1 值的变化幅度较小。同时,不同的煤样可能具有相同或相似的 B_1 值。而 B_2 主要反映的是煤的强度,而不是脆性。B_3 是 B_1 的变形,所以也不能很好地反映煤的脆性。对于 B_4 而言,只考虑了峰值强度、剩余强度以及峰后应力的大小,忽略了应力变化速度对其的影响;同时由于煤的剩余强度较小,在不同的煤样中,B_4 的值变化较小。B_5 是 B_4 的改良。指标 B_5 将应力降考虑在内,可以大致估计出煤在某些情况下的脆性,但还需要进一步改进。指标 B_6 忽略了最能显示煤脆性度的峰后应力-应变特征,因此不适用于煤。至于与碎屑含量有关的 B_{10} 和 B_{11} 指标,由于煤层内部结构的特殊性,它们可以较好地反映地表压力的破坏程度,但在反映煤的脆性指标上略显不足。因此,由于煤的非均匀性引起应力降的特点,使得一般岩石的脆性指标具有不同程度的局限性。相对而言,B_5 更适合于定量评价煤的脆性。

对煤脆性的定量估算,特别是硬煤脆性,应力-应变曲线的峰后部分是至关重要的。在硬煤的应力-应变曲线的峰后部分有多重应力降,这是硬煤与其他岩石不同的地方,因此,必须考虑应力-应变曲线的峰后参数特征。B_5 考虑的是压力下降的速率,因此,在某些情况下,B_5 可以粗略估计煤的脆性。然而,仅仅考虑峰后应力下降的速率是不够的,该速率不能完全反映煤峰后多重应力下降的现象。如图 3-12 所示,煤样应力-应变曲线峰后阶段多为台阶式下落,如果采用斜率式脆性度,只要峰值起始点与残余强度终点相同,无论台阶如何跌落,斜率均相同,显然,这样计算的脆性度结果是不合理的,不同的台阶跌落方式应对应于不同的脆性度。可见,原有脆性度指标难以表征图 3-12 所示的情形,而这种应力-应变曲线在硬煤中经常出现。

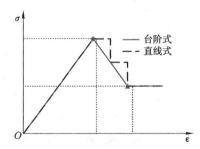

图 3-12 典型的煤台阶跌落型应力-应变曲线

煤之所以出现这种多次应力降的情况,是因为煤是一种典型的非均质介质,其孔隙发育程度较高,在压缩破坏过程中,每次微裂纹的发展都会伴随着小的应力降,但由于宏观上尚未贯通,因此出现一次小的应力降后煤还有一定的承载能力。由于煤高度发育的孔隙特征,随着煤样加载的进行,在煤样中其他满足破坏准则的位置也会有新的裂隙孕育、发展(见图 3-13),导致应力-应变曲线有新的应力降出现,这个周而复始的过程造成了煤样应力-应变曲线的台阶跌落。同时由于煤体孔隙和结构化程度更高,导致煤体应力-应变曲线存在相对较长的非线性弹性段和峰前塑性区较短的特质,如图 3-14 所示,导致当前评价岩石的脆性指标无法适用于煤体,亟待建立一种新的脆性指标去表征煤的脆性度。

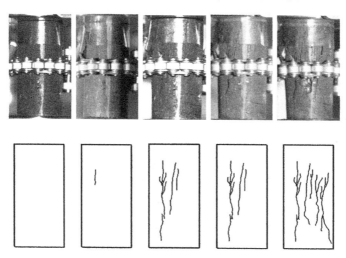

图 3-13   煤样单轴压缩裂纹发生发展图

3.3   煤加载条件下能量演化规律

煤的脆性是指在外力作用下煤发生很小的变形就发生破坏,失去承载能力的性质。从能量角度考虑,也就是煤体到达峰值后在外部很少能量作用下,煤体内所蕴藏的能量开始释放,直至耗损

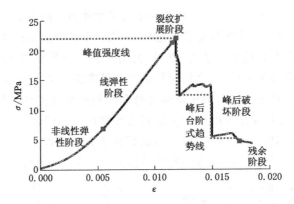

图 3-14　典型煤应力-应变曲线分阶段特征

完毕。可见,脆性度是表征煤体在峰后能量释放快慢的参数。本节主要针对在加载破坏条件下对煤样能量吸收、释放和转化进行探究,以期为煤体脆性度指标的研究奠定基础。

3.3.1　峰前能量积聚规律

研究峰前能量演化规律是获得峰值处所积累能量的基础。根据能量守恒定律,外力对物体做功值等于物体能量变化的大小。

$$W = \Delta U \tag{3-7}$$

式中,W 为外力对物体做功值;ΔU 为物体能量变化的大小。如果 W 为正值,则 ΔU 变化为增加;如果 W 为负值,则 ΔU 变化为减少。

在煤加载压缩条件下的峰前阶段,应力-应变曲线主要是由 3 个部分组成,即非线性弹性阶段、线弹性阶段和塑性阶段,在峰前阶段,主要为能量积聚过程。其中,外力对煤体做功为压机给予的机械做功,煤体增加的能量主要为应变能增量,还有一小部分为耗散能增量,即:

$$W_{mf} = \Delta U_{sf} + \Delta U_{df} \tag{3-8}$$

式中　W_{mf}——峰前阶段压机给予的机械做功;

ΔU_{sf}——对应的应变能增量；

ΔU_{df}——对应的耗散能增量。

在非线性弹性阶段,煤样内部原始裂隙随轴向应力的不断增加而发生压缩闭合,轴向应力-应变曲线呈上弯形,弹性模量逐渐增大,该阶段在煤应力-应变曲线中普遍存在,甚至可达 1/3。在理想状况下,在此过程中压机机械能做功,大部分转化为应变能,同时也有部分能量使得原始裂隙闭合而转化为耗散能,即:

$$W_{m1} = \Delta U_{s1} + \Delta U_{d1} \qquad (3-9)$$

式中 W_{m1}——非线性弹性阶段内压机给予的机械做功；

ΔU_{s1}——相应的应变能增量；

ΔU_{d1}——该阶段内的耗散能增量。

进入线弹性阶段,轴向应力-应变曲线呈直线,弹性模量基本保持不变,该阶段为煤样的主要阶段,峰值前煤样主要处于该阶段。在理想状况下,此过程中压机机械能做功将全部转化为应变能,即:

$$W_{m2} = \Delta U_{s2} \qquad (3-10)$$

式中 W_{m2}——线弹性阶段内压机给予的机械做功；

ΔU_{s2}——对应的应变能增量。

当应力超过弹性极限时即进入塑性屈服阶段,但是对于硬煤,由于其结构化性质,表现出极强的脆性特征,导致硬煤塑性阶段很难分辨,基本未出现应力增量很小而应变增大的传统塑性现象,大部分的硬煤应力-应变曲线煤样塑性很小,有的甚至几乎直接从线弹性阶段进入峰值,当然,此时也有部分煤样峰前发生小跌落,产生不可恢复变形,即裂纹扩展阶段。在此过程中压机机械能做功,大部分转化为应变能增量,但是耗散能的转化有所增加,即:

$$W_{m3} = \Delta U_{s3} + \Delta U_{d3} \qquad (3-11)$$

式中 W_{m3}——塑性阶段压机给予的机械做功；

ΔU_{s3}——对应的应变能增量；

ΔU_{d3}——对应的耗散能增量。

而且有：

$$W_{mf} = W_{m1} + W_{m2} + W_{m3} \qquad (3-12)$$

$$\Delta U_{sf} = \Delta U_{s1} + \Delta U_{s2} + \Delta U_{s3} \qquad (3-13)$$

$$\Delta U_{df} = \Delta U_{d1} + \Delta U_{d3} \qquad (3-14)$$

定量分析应变能和耗散能是进行脆性度表征的关键。当硬煤进入峰值 A 点时进行卸载，机械能所做功将有一部分直接转化为耗散能（包括原始裂隙压缩和塑性变形两部分），煤卸载应力-应变曲线将不会沿着原加载曲线返回，形成一条新的曲线 σ_d，应变恢复到应变前端的一点 ε_c，储存的应变能转化为耗散能释放，见图 3-15。

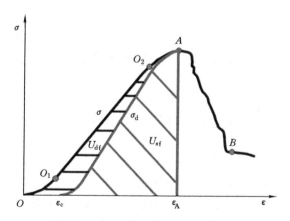

图 3-15　峰值点卸载的能量几何模型

此时机械能总做功为：

$$W_{mf} = V\int_{0}^{\varepsilon_A} \sigma \mathrm{d}\varepsilon \qquad (3-15)$$

式中　V——试件体积；

　　　0——应变原点；

ε_A——峰值强度对应的应变;

σ——压缩应力-应变曲线。

峰前应变能增量为:

$$\Delta U_{sf} = V \int_{\varepsilon_c}^{\varepsilon_A} \sigma_d \, d\varepsilon \qquad (3\text{-}16)$$

式中 ε_c——峰值点卸载后应变恢复点;

σ_d——卸载应力-应变曲线。

峰前耗散能增量为:

$$\Delta U_{df} = V \int_0^{\varepsilon_A} \sigma \, d\varepsilon - V \int_{\varepsilon_c}^{\varepsilon_A} \sigma_d \, d\varepsilon \qquad (3\text{-}17)$$

3.3.2 峰后能量非稳态释放规律

当进入峰后阶段后,试件在峰后破坏阶段由于试件开始发生破坏,能量整体处于释放阶段。此时压机的机械做功为负功,除了机械能直接转化为耗散能释放之外,峰前一部分应变能开始转化为耗散能释放掉,直至应变能释放到最大限度,进入残余阶段。整个峰后阶段由能量守恒得:

$$W_{mb} = \Delta U_{sb} + \Delta U_{db} \qquad (3\text{-}18)$$

式中 W_{mb}——峰后阶段压机给予的机械做功;

ΔU_{sb}——对应的应变能增量;

ΔU_{db}——对应的耗散能增量。

进入峰后破坏阶段,与传统岩石应力-应变曲线不同,硬煤应力-应变曲线呈现出多次应力降现象,有些应力降之后又伴随有一段平缓甚至回升趋势,整体呈台阶式下降,表现出极大的非稳态释放特征。此过程中,台阶跌落部分应变能耗散;在台阶平缓甚至缓慢上升部分,积聚的应变能增加。但是由于台阶下降阶段较剧烈,所以耗散的变形能比峰后增加的应变能较多。从整体上来说,机械能转化为耗散能释放,且原来储存于煤体内的应变能逐渐释放,直至残余阶段。在此过程中,能量变化如下:

$$W_{m4} = \Delta U_{s4} + \Delta U_{d4} \tag{3-19}$$

式中　W_{m4}——峰后破坏阶段压机给予的机械做功；

　　　ΔU_{s4}——对应的应变能变化量；

　　　ΔU_{d4}——对应的耗散能变化量。

而且有：

$$W_{mb} = W_{m4} \tag{3-20}$$

$$\Delta U_{sb} = \Delta U_{s4} \tag{3-21}$$

$$\Delta U_{db} = \Delta U_{d4} \tag{3-22}$$

由以上分析可知，定量确定峰后跌落阶段应变能减少量是进行脆性度表征的关键。当煤进入峰后跌落区 AB 后，其峰前储存的应变能不断地转化为耗散能，在破坏区任意一点 P 卸载之后，煤样将返回形成一条新的曲线 σ_p，应变恢复为 ε_d，如图 3-16 所示，图中 U_{dpa} 为点 P 时的峰后耗散能，U_{spa} 为点 P 时的峰后应变能。

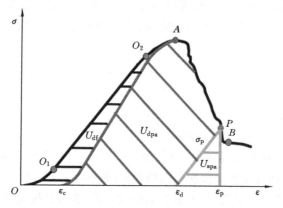

图 3-16　峰后破坏阶段卸载的能量几何模型

此时机械能总做功为：

$$W_{mp} = V \int_{\varepsilon_A}^{\varepsilon_P} \sigma \, d\varepsilon \tag{3-23}$$

式中 W_{mp}——峰值到点 P 压机给予的机械做功;

ε_P——点 P 对应的应变。

此时,应变能剩余量为:

$$U_{sp} = V \int_{\varepsilon_d}^{\varepsilon_P} \sigma_p \mathrm{d}\varepsilon \qquad (3\text{-}24)$$

式中 U_{sp}——峰后点 P 的应变能;

ε_d——峰后跌落区卸载后应变恢复点应变。

而峰前应变能增量 ΔU_{sf} 就是点 A 所储存应变能,即:

$$U_{sa} = \Delta U_{sf} \qquad (3\text{-}25)$$

式中 U_{sa}——点 A 对应的应变能;

ΔU_{sf}——峰前阶段的应变能增量。

则在峰后点 $A \sim P$ 应变能增量为:

$$\Delta U_{spa} = U_{sp} - U_{sa} \qquad (3\text{-}26)$$

式中 ΔU_{spa}——峰后点 $A \sim P$ 应变能增量;

U_{sp}——点 P 对应的应变能。

则由式(3-16)和式(3-24)~式(3-26)得峰后点 $A \sim P$ 应变能增量为:

$$\Delta U_{spa} = V \int_{\varepsilon_d}^{\varepsilon_P} \sigma_P \mathrm{d}\varepsilon - V \int_{\varepsilon_c}^{\varepsilon_A} \sigma_d \mathrm{d}\varepsilon \qquad (3\text{-}27)$$

当点 P 为残余点 B 时,由式(3-20)和式(3-23)可得峰后机械能为:

$$W_{mb} = V \int_{\varepsilon_A}^{\varepsilon_B} \sigma \mathrm{d}\varepsilon \qquad (3\text{-}28)$$

式中 W_{mb}——峰后阶段压机给予的机械做功;

ε_B——残余点对应的应变。

当点 P 为残余点 B 时,由式(3-21)和式(3-27)可得在残余强度处峰后应变能增量为:

$$\Delta U_{sb} = V \int_{\varepsilon d}^{\varepsilon B} \sigma_P d\varepsilon - V \int_{\varepsilon c}^{\varepsilon A} \sigma_d d\varepsilon \qquad (3-29)$$

由式(3-17)、式(3-27)和式(3-28)可得峰后耗散能增量 ΔU_{db} 为：

$$\Delta U_{db} = V \int_{\varepsilon A}^{\varepsilon B} \sigma d\varepsilon + V \int_{\varepsilon c}^{\varepsilon A} \sigma_d d\varepsilon - V \int_{\varepsilon d}^{\varepsilon B} \sigma_P d\varepsilon \qquad (3-30)$$

3.4 考虑能量非稳态释放的煤脆性度新指标的建立

3.4.1 脆性度的能量模型

煤的脆性从能量角度考虑,也就是到达峰后,在外部能量作用下,煤体内所储存的能量释放快慢的表征参数,即：

$$B_r = \Delta U_{db} / W_{mb} \qquad (3-31)$$

式中　　B_r——煤脆性度；

　　　　ΔU_{db}——峰后跌落过程中耗散能的释放量增量；

　　　　W_{mb}——峰后阶段压机给予的机械做功。

峰后耗散能释放量由峰后机械能和部分峰前应变能转化而来,可得脆性度为：

$$B_r = \left(\int_{\varepsilon A}^{\varepsilon B} \sigma d\varepsilon + \int_{\varepsilon c}^{\varepsilon A} \sigma_d d\varepsilon - \int_{\varepsilon d}^{\varepsilon B} \sigma_P d\varepsilon \right) / \int_{\varepsilon A}^{\varepsilon B} \sigma d\varepsilon \qquad (3-32)$$

3.4.2 煤脆性度模型的简化

式(3-32)可适用于所有岩石,但是相应计算较为复杂。针对硬煤而言,煤本身的孔隙性和结构性特征导致其应力-应变曲线也存在特殊性,因此可根据硬煤特征可进行相应简化。

首先,由于孔隙性特征,煤存在较长的非线性弹性阶段,甚至可达 1/3,因此区别于一般硬岩直接将峰前能量简化为 $\sigma^2 / 2E_{AO}$,该阶段其所储存能量小于 $\sigma^2 / 2E_{AO}$,应为 $\int_{0}^{\varepsilon A} \sigma d\varepsilon$。

其次,由图 3-13 可知,硬煤的塑性屈服阶段一般较短,对硬煤在峰值点进行卸载后,由于非线性段原始裂隙的压缩和峰前少量的塑性变形,卸载曲线 σ_d 的应力恢复点难以恢复到原点,但是相差不大,卸载曲线的弹性模量与裂纹扩展阶段内裂隙发育程度的损伤变量有关,令

$$E_B = (1-D)E_A \qquad (3\text{-}33)$$

式中,E_A 为在加载时对应的弹性模量;E_B 为峰值时卸载所对应的弹性模量;D 为损伤变量,鉴于硬煤塑性区较小,可取 $D \approx 0$,则 $E_B \approx E_A$。为简便计算,取 $E_B = E_{AO}$(E_{AO} 为峰值点割线模量)。

再次,在峰后某点 P 对硬煤进行卸载时,其卸载曲线一般沿着峰前割线模量进行回弹,如图 3-15 所示。因此点 P 储存的弹性能可简化为 $\dfrac{\sigma_P^2}{2E_{AO}}$,到达残余强度时为 $\dfrac{\sigma_B^2}{2E_{AO}}$。

最后,硬煤峰后跌落时存在明显的台阶现象,这种台阶现象表明即使处于峰后,硬煤也有一定的保持强度的能力,这对于冲击地压等动力灾害的防控具有重要意义。峰后的机械能输入必须考虑硬煤特殊的台阶形态,峰后机械能不能简化为两点直线相连后机械能的大小,而应为 $\displaystyle\int_{\varepsilon_A}^{\varepsilon_B} \sigma \mathrm{d}\varepsilon$。

因此,可得简化后的脆性度数学公式为:

$$B_r = \left(\int_0^{\varepsilon_B} \sigma \mathrm{d}\varepsilon - \frac{\sigma_B^2}{2E_{AO}} \right) \Big/ \int_{\varepsilon_A}^{\varepsilon_B} \sigma \mathrm{d}\varepsilon = \left[\left(\int_0^{\varepsilon_B} \sigma \mathrm{d}\varepsilon - \frac{\sigma_B^2}{2E_{AO}} \right) \Big/ \int_{\varepsilon_A}^{\varepsilon_B} \sigma \mathrm{d}\varepsilon \right] + 1$$

$$(3\text{-}34)$$

为了直观表示,将式(3-34)中各个数学模型组成部分用应力应变图形表示,构建其几何模型。

如图 3-17 所示,倾斜实线区域面积表示 $\displaystyle\int_0^{\varepsilon_A} \sigma \mathrm{d}\varepsilon$,横线区域面积表示 $\displaystyle\int_{\varepsilon_A}^{\varepsilon_B} \sigma \mathrm{d}\varepsilon$,倾斜虚线三角形区域面积表示 $\dfrac{\sigma_B^2}{2E_{AO}}$,其中 E_{AO} 可

取割线模量。

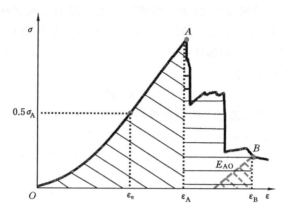

图 3-17　煤脆性度计算的几何模型

但同时也应注意到,硬煤也可能存在峰后垂直跌落的情况,这种情况下峰后机械能趋近于 0,导致脆性度急剧增大,为了对该种情况进行修正,考虑到这种性质与 lg 函数规律相似,因此实践中常用的脆性度可取下式:

$$B_{re} = \lg B_r = \lg \left(\int_0^{\varepsilon_B} \sigma \mathrm{d}\varepsilon - \frac{\sigma_B{}^2}{2E_{AO}} \right) / \int_{\varepsilon_A}^{\varepsilon_B} \sigma \mathrm{d}\varepsilon \qquad (3\text{-}35)$$

由此本章建立了基于能量演化的硬煤脆性度指标的力学和几何模型,与其他指标相比,该指标可以充分考虑硬煤相对较长的非线性弹性阶段、较小的塑性段、峰后台阶跌落等特征,并且上述脆性度指标数形结合,具有直观性和易计算性。

需要注意的是,本章所提出的脆性度指标的物理意义是在外力做功下试样释放能量的快慢,而对于岩石Ⅱ类曲线,过了峰值以后,不需借助外力做功就产生破坏。因此本章所提出的脆性度指标只是针对Ⅰ类曲线,不适用于Ⅱ类曲线。

3.4.3 煤脆性度指标的验证

（1）理论验证

对本章所提出的脆性度指标进行理论验证。首先针对纯塑性和纯脆性 2 种理论应变-应力曲线（图 3-18）进行验证，得到结果如表 3-5 所列。

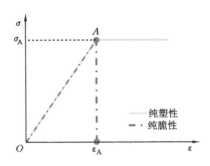

图 3-18 纯脆塑性材料应力-应变几何模型

表 3-5　　　　　　　　　纯脆塑性材料脆性值

材料类别	峰前应变能/ (J/m³)	残余应变能/ (J/m³)	ΔU_{sd}/ (J/m³)	W_{mb}/ (J/m³)	B_r	B_{re}
纯塑性	$\int_0^{\varepsilon A} \sigma d\varepsilon$	$\dfrac{\sigma_A^{\,2}}{2E_{AO}}$	$+\infty$	$+\infty$	1	0
纯脆性	$\int_0^{\varepsilon A} \sigma d\varepsilon$	0	$\int_0^{\varepsilon A} \sigma d\varepsilon$	0	$+\infty$	$+\infty$

由表 3-5 可知，计算的纯脆性材料的脆性度为 $+\infty$，符合纯脆性材料的性质；计算的纯塑性材料的脆性度为 0，符合纯塑性材料的性质。

（2）合理性验证

考虑到硬煤特殊的台阶跌落方式，同时为进一步验证脆性度指标的合理性,针对图 3-19 所示 4 种曲线进行分析。

图 3-19(a)中 2 条曲线峰前部分相同,峰后一种为台阶式,另一种为垂直直线跌落,很明显两者脆性是不同的,并且台阶式的相比直线式的要小。以周辉等建立的中脆性度指标和本章脆性度指标进行对比得到表 3-6。

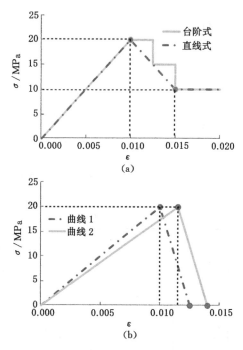

图 3-19 不同应力-应变曲线的脆性度合理性验证

(a)峰后应力应变不同;(b)峰前应力应变不同

采用基于峰后斜率方法计算所得两者脆性度相同,而采用本章方法计算结果为直线式大于台阶式,本章脆性度指标更符合实际情况。

表 3-6   峰后应力应变不同时的脆性值

跌落类型	B_{re}	b_r
台阶式	0.345	0.165
直线式	0.368	0.165

注:表中 B_{re} 为本章脆性度,b_r 为基于峰后斜率脆性度。

对于图 3-19(b)中曲线 1 和 2,峰前有差异而峰后部分相同,两者的脆性显然是不同的,并且曲线 2 峰前积聚能量多,脆性度要比曲线 1 大,以基于峰后斜率脆性度指标和本章脆性度指标进行对比得到表 3-7。

表 3-7   峰前应力应变不同时的脆性值

跌落类型	B_{re}	b_r
曲线 1	0.699	0.390
曲线 2	0.748	0.390

注:表中 B_{re} 为本章脆性度,b_r 为基于峰后斜率脆性度。

采用基于峰后斜率方法计算所得两者脆性度相同,而采用本章方法计算结果为曲线 2 大于曲线 1,本章脆性度指标更符合实际情况。

综上可得,本章提出的基于能量理论的脆性度指标相比基于峰后斜率的脆性度指标更合理。

3.5   硬煤脆性度指标的应用

采用中国科学院武汉煤岩力学研究所 MTS815 岩石力学实验机对煤样进行加载试验,获得其峰后应力-应变曲线,并采用两种方法计算其脆性度。

煤样取自大同忻州煤矿,按照国际岩石力学学会建议的方法和岩石力学试样规范,加工成直径为 25 mm、高度为 50 mm 的圆柱体标准试样。采用应变控制方式施加轴向压力进行单轴压缩试验,结果如图 3-20 所示。

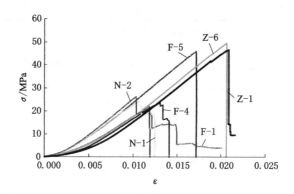

图 3-20　试验获得的不同煤样单轴压缩应力-应变曲线

对图 3-20 中各曲线采用本章所提出的脆性度指标进行计算,结果如表 3-8 所列。

表 3-8　采用本章和峰后斜率方法分别计算的典型硬煤岩的脆性度

煤样编号	$\Delta U_{sd}/(J/m^3)$	$W_{mb}/(J/m^3)$	B_{re}	b_r
F-5	0.350	0.002	2.245	0.609
F-1	0.100	0.058	0.435	0.275
F-4	0.125	0.019	0.884	0.436
Z-6	0.425	0.001	2.570	0.651
N-1	0.112	0.037	0.605	0.411
N-2	0.115	0.032	0.658	0.421
Z-1	0.369	0.005	1.906	0.405

注:B_{re}为本章脆性度,b_r为基于峰后斜率方法的脆性度。

可以看出,两种方法计算的 F-5 和 Z-6 的脆性度均较大,从图 3-19 中可以直观看出,两条曲线基本垂直跌落,与理论计算值相符合,同样两种方法计算的 F-4、N-1、N-2 脆性度均较低,F-1 脆性度最弱,也与曲线跌落形态相符合。但是两种方法所计算的 Z-1 脆性度不同,从图 3-19 可以看出,Z-1 应力-应变曲线基本垂直跌落,其脆性度应较大,大于存在台阶跌落的 F-4、N-1、N-2,采用本章方法所计算的 Z-1 脆性度较大(小于 F-5,大于 F-4、N-1、N-2),而采用基于峰后斜率所计算的脆性度则较小(小于 F-4、N-1、N-2,仅大于 F-1),可见本章所计算脆性度更符合实际。

此外,对于煤样 N-1 和 N-2,采用基于应力-应变曲线峰后斜率的方法,由于两者峰后斜率基本相同,因此脆性度计算值相差不大,两者仅相差 0.01。而从图 3-20 中可以看出,N-2 峰前所积蓄的能量更多,峰值跌落所需机械能也更少,因此采用本章方法所计算脆性度两者相差 0.053,这表明采用本章所述方法更能区分不同硬煤的脆性度。这一点从整体上的脆性度分布值中也可以看出,对于图 3-20 中的煤样应力-应变曲线,采用基于应力-应变曲线峰后斜率的方法,最低脆性度为 0.275,最高脆性度为 0.651,仅变化 0.376;而采用本章能量方法,最低脆性度为 0.435,最高脆性度 2.570,变化 2.135,因此采用本章方法更能体现出不同硬煤的脆性度差异。

综上,与其他指标相比,该指标可以充分考虑硬煤相对较长的非线性弹性阶段、较小的塑性段、峰后台阶跌落等特征,计算结果不仅更符合硬煤特征,同时也更能体现出硬煤的脆性度差异,并且数形结合,具有直观性和易算性。

3.6　煤冲击倾向性的脆性度指标分区

由于脆性度在一定程度上决定了煤岩的冲击倾向性,因此本章尝试将脆性度和冲击倾向性结合起来。当峰后残余强度为 0

时,本章提出的脆性度指标 B_{re} 可进一步简化为:

$$B_{re} = \lg\left(\int_0^{\epsilon B} \sigma\, d\epsilon \Big/ \int_{\epsilon A}^{\epsilon B} \sigma\, d\epsilon\right) \tag{3-36}$$

在该种情况下,煤冲击倾向性指标之一冲击能指数的公式为:

$$K_E = \left(\int_0^{\epsilon B} \sigma\, d\epsilon - \int_{\epsilon A}^{\epsilon B} \sigma\, d\epsilon\right) \Big/ \int_{\epsilon A}^{\epsilon B} \sigma\, d\epsilon \tag{3-37}$$

结合式(3-36)和式(3-37)可得:

$$B_{re} = \lg(K_E + 1) \tag{3-38}$$

由式(3-38)得到本章中残余强度为 0 时的脆性度 B_{re} 与冲击能指数 K_E 之间的数学关系,从而可以定量得到在不同冲击能指数 K_E 下的脆性度 B_{re} 值,并将结果推广至残余强度不为 0 的煤,得到煤冲击倾向性的脆性度指标分区如表 3-9 所列。

表 3-9　硬煤冲击倾向性的脆性度指标分区

脆性分区	B_{re}
弱脆性	<0.398
中脆性	$\geqslant 0.398, <0.778$
强脆性	$\geqslant 0.778$

当煤岩脆性为弱脆性时,无冲击倾向性;当煤岩脆性为中脆性时,具有弱冲击倾向性;当煤岩脆性为强脆性时,具有强冲击倾向性。

3.7　本章小结

煤的脆性是煤矿开采中的重要概念,对工程实践和科学研究具有重要意义,关乎冲击地压、割煤效率及煤壁片帮等现实问题,本章从煤脆性性质出发,得到基于能量非稳态释放理论的煤脆性度指标,并对该模型进行了理论验证和实际应用。结论如下：

（1）对于硬煤应力-应变曲线经常出现的峰后台阶式和弧线式下落，如果采用斜率式脆性度，则只决定于峰值起始点与残余强度终点，与台阶跌落形态无关，显然传统的基于峰后斜率的脆性度指标难以表征硬煤的脆性度。

（2）通过研究煤峰前能量积聚过程和峰后非稳态释放规律，建立了基于能量的煤脆性度新指标。煤的脆性度从能量角度考虑，也就是煤体到达峰值后在外部很少能量作用下，煤体内所蕴藏的能量开始释放，表征煤体峰后能量释放快慢的参数。

（3）本章建立了基于能量非稳态释放理论的硬煤脆性度指标的数学和几何模型。与其他指标相比，该指标可以充分考虑硬煤相对较长的非线性弹性阶段、较小的塑性段、峰后台阶跌落等特征，并且上述脆性度指标数形结合，具有直观性且易计算性。

（4）对本章提出的脆性度指标进行了纯脆性和纯塑性的理论验证，以及特殊情况下的合理性验证和实际应力-应变曲线的实际验证，验证结果表明本章提出的基于能量理论的脆性指标相比基于斜率的脆性指标更合理，且更符合实际情况，也更能体现出不同硬煤的脆性度差异，并可应用于煤冲击倾向性的分区研究中。

参考文献

[1] 白庆升,屠世浩.脆煤综放面煤壁片帮机制及控制技术[J].煤炭与化工,2014(1):14-19.

[2] 陈吉,肖贤明.南方古生界 3 套富有机质页岩矿物组成与脆性分析[J].煤炭学报,2013,38(5):822-826.

[3] 代高飞,尹光志,皮文丽.单轴压缩荷载下煤岩的弹脆性损伤

本构模型[J].同济大学学报(自然科学版),2004,32(8):986-989.

[4] 戴珊珊.基于 ABAQUS 模拟镐形截齿截割脆性煤岩[J].煤矿机械,2012,33(5):52-54.

[5] 刁海燕.泥页岩储层岩石力学特性及脆性评价[J].岩石学报,2013,29(9):344-350.

[6] 何俊,潘结南,王安虎.三轴循环加卸载作用下煤样的声发射特征[J].煤炭学报,2014,39(1):84-90.

[7] 黄达,谭清,黄润秋.高应力强卸荷条件下大理岩损伤破裂的应变能转化过程机制研究[J].岩石力学与工程学报,2012,31(12):2483-2493.

[8] 李庆辉,陈勉,金衍,等.页岩脆性的室内评价方法及改进[J].岩石力学与工程学报,2012,31(8):1680-1685.

[9] 苏现波,谢洪波,华四良.煤体脆-韧性变形微观识别标志[J].煤田地质与勘探,2003,31(6):18-21.

[10] 王宇,李晓,武艳芳,等.脆性岩石起裂应力水平与脆性指标关系探讨[J].岩石力学与工程学报,2014,33(2):264-275.

[11] 吴涛.页岩气层岩石脆性影响因素及评价方法研究[D].成都:西南石油大学,2015.

[12] 夏英杰,李连崇,唐春安,等.基于峰后应力跌落速率及能量比的岩体脆性特征评价方法[J].岩石力学与工程学报,2016,35(6):1141-1154.

[13] 谢和平,鞠杨,黎立云.基于能量耗散与释放原理的岩石强度与整体破坏准则[J].岩石力学与工程学报,2005,24(17):3003-3010.

[14] 谢和平,彭瑞东,鞠杨,等.岩石破坏的能量分析初探[J].岩石力学与工程学报,2005,24(15):2603-2608.

[15] 中国煤炭工业协会.GB/T 25217.2 冲击地压测定、监测与防

治方法 第2部分:煤的冲击倾向性分类及指数的测定方法
[S].北京:中国标准出版社,2010.

[16] 周辉,孟凡震,刘海涛,等.花岗岩脆性破坏特征与机制试验
研究[J].岩石力学与工程学报,2014,33(9):1822-1827.

[17] 周辉,孟凡震,张传庆,等.基于应力-应变曲线的岩石脆性特
征定量评价方法[J].岩石力学与工程学报,2014,33(6):
1114-1122.

[18] 左建平,黄亚明,熊国军,等.脆性岩石破坏的能量跌落系数
研究[J].岩土力学,2014,35(2):321-327.

[19] BAI Q S,TU S H,ZHANG X G,et al.Numerical modeling
on brittle failure of coal wall in longwall face:a case study
[J].Arabian journal of geosciences,2014,7(12):5067-5080.

[20] BISHOP A W.Progressive failure with special reference to
the mechanism causing it [C]// Proceedings of the
geotechnical conference on shear strength properties of
natural soils and rocks. Oslo: Norwegian geotechnical
institute,1967.

[21] DAS M N.Influence of width/height ratio on post-failure
behaviour of coal[J]. International journal of mining and
geological engineering,1986,4(1):79-87.

[22] FENG J J,WANG E Y,SHEN R X,et al.Investigation on
energy dissipation and its mechanism of coal under dynamic
loads[J]. Geomechanics and engineering, 2016, 11(5):
657-670.

[23] GAO B B,LI H G,LI L,et al.Study of acoustic emission
and fractal characteristics of soft and hard coal samples
with same group[J].Chinese journal of rock mechanics and
engineering,2014,33(S2):3498-3504.

[24] GÖKTAN R M. Brittleness and micro-scale rock cutting efficiency[J]. Mining science and technology, 1991, 13(3): 237-241.

[25] GUO Z Q, LI X Y, LIU C, et al. A shale rock physics model for analysis of brittleness index, mineralogy and porosity in the Barnett Shale [J]. Journal of geophysics and engineering, 2013, 10(2), 1742-1750.

[26] HE J, PAN J N, WANG A H. Acoustic emission characteristics of coal specimen under triaxial cyclic loading and unloading[J]. Journal of China coal society, 2014, 39(1): 84-90.

[27] KIM B, LARSON M K, LAWSON H E. Applying robust design to study the effects of stratigraphic characteristics on brittle failure and bump potential in a coal mine [J]. International journal of mining science and technology, 2018, 28(1): 137-144.

[28] LI Y, JIA D, RUI Z, et al. Evaluation method of rock brittleness based on statistical constitutive relations for rock damage[J]. Journal of petroleum science and engineering, 2017, 153(3): 123-132.

[29] LIU K D, LIU Q S, ZHU Y G, et al. Experimental study of coal considering directivity effect of bedding plane under brazilian splitting and uniaxial compression [J]. Chinese journal of rock mechanics and engineering, 2013, 32(2): 308-316.

[30] LIU Q S, LIU K D, LU X L, et al. Study of mechanical properties of raw coal under high stress with triaxial compression [J]. Chinese journal of rock mechanics and engineering, 2014, 33(1): 3429-3438.

[31] NING J G,WANG J,JIANG J Q,et al.Estimation of crack initiation and propagation thresholds of confined brittle coal specimens based on energy dissipation theory[J]. Rock mechanics and rock engineering,2018,51(1):119-134.

[32] ÖZFIRAT M K, YENICE H, SIMSIR F, et al. A new approach to rock brittleness and its usability at prediction of drillability[J].Journal of African earth sciences,2016, 119:94-101.

[33] PENG R D,JU Y,WANG J G,et al.Energy dissipation and release during coal failure under conventional triaxial compression[J]. Rock mechanics and rock engineering, 2015,48(2):509-526.

[34] QUINN J B, QUINN G D. Indentation brittleness of ceramics:a fresh approach[J].Journal of materials science, 1997,32(16):4331-4346.

[35] RAFIAI H,JAFARI A.Artificial neural networks as a basis for new generation of rock failure criteria[J].International journal of rock mechanics and mining sciences,2011,48(7): 1153-1159.

[36] RASHED G,PENG S S.Change of the mode of failure by interface friction and width-to-height ratio of coal specimens[J].Journal of rock mechanics and geotechnical engineering,2015,7(3):256-265.

[37] SINGH S P.Brittleness and the mechanical winning of coal [J].Mining science and technology,1986,3(3),173-180.

[38] SONG X Y,LI X L,LI Z H,et al.Study on the characteristics of coal rock electromagnetic radiation (EMR) and the main influencing factors[J].Journal of applied geophysics, 2018,148:

216-225.

[39] SU C D,CHEN X X,YUAN R F.Analysis of aeformation and strength characteristics of coal samples under uniaxial compression of stepped relaxation[J].Chinese journal of rock mechanics and engineering,2017,33(6):1135-1141.

[40] SU C D,GAO B B,NAN H,et al.Experimental study on acoustic emission characteristics during deformation and failure processes of coal samples under different stress paths [J]. Chinese journal of rock mechanics and engineering,2009,28(4):757-766.

[41] SU C D,TANG X,NI X M.Study on correlation among point load strength, compression and tensile strength of coal samples[J].Journal of mining and safety engineering, 2012,29(4):511-515.

[42] SUN C M,CAO S G,LI Y.Mesomechanics coal experiment and an elastic-brittle damage model based on texture features[J].International journal of mining science and technology,2018,28(4):639-647.

[43] YAGIZ S.Assessment of brittleness using rock strength and density with punch penetration test [J]. Tunnelling and underground space technology,2009,24(1):66-74.

[44] YARALI O,KAHRAMAN S.The drillability assessment of rocks using the different brittleness values[J].Tunnelling and underground space technology,2011,26(2):406-414.

[45] ZHOU H,MENG F Z,ZHANG C Q,et al.Quantitative evaluation of rock brittleness based on stress-strain curve [J].Chinese journal of rock mechanics and engineering, 2014,33(6):1114-1122.

4 冲击倾向性煤起裂机制及其影响因素

煤起裂机制对煤矿开采的研究具有重要的意义,主要体现在三个方面。首先,煤起裂机制是煤物理力学性质的重要组成部分。煤起裂强度、起裂形式直接影响着煤峰值强度、侧向变形,并进一步影响其残余强度和体积变形特征。其次,煤起裂机制对煤炭灾害发生发展过程的研究具有重要的意义,无论是采煤工作面煤片帮、煤层巷道非线性变形破坏,还是煤炭典型动力灾害(如冲击地压、煤与瓦斯突出)的发生发展都是首先从煤起裂开始。最后,一些煤层开采中所采取的措施也与煤起裂密切相关,如用于煤层局部集中应力解除和煤层气开采的水压致裂方法、综放开采中硬煤顶板的预裂等。可见,关于煤起裂机制研究是煤炭界的重要研究领域。

4.1 冲击倾向性煤起裂强度的研究现状

国内外许多学者对岩石的起裂机理进行了大量的研究,如Martin通过裂纹体积应变法研究得出花岗岩的裂纹起裂强度为0.4～0.5倍的单轴压缩强度。刘宁等建立了锦屏大理岩的起裂强度准则,用于判断现场的应力状态和损伤过程。相比于硬岩,煤属于典型的非均质孔隙材料,由于煤发育大量的孔洞、割理裂隙等结构弱面,受到外力时会引起局部应力集中,当这一集中应力值超过该区域煤强度时,便会发生局部破坏。

针对煤力学性质方面的起裂强度,李志刚等通过大量煤岩力学物理性质的测试与分析,证实煤岩具有弹性模量相对较低、泊松比较高、脆性大、易破碎、易压缩等特征,并运用 Griffith 等有关脆性断裂理论研究了煤岩单轴压应力状态下的脆性断裂过程。唐书恒等为模拟研究煤储层水力压裂效果,对沁水盆地寺河煤矿 3 号煤样进行了饱水条件下的常规单轴压缩试验和声发射测试,发现其力学性质与层理角度相关。刘京红等进行了煤岩单轴压缩破坏过程的 CT 扫描试验,计算得到 CT 图像中煤岩试样裂纹损伤扩展和破裂过程的分形维数。

针对煤起裂机制对煤炭灾害发生发展过程的影响方面,王家臣等在对煤壁破坏机理进行研究时提出了煤壁破坏的拉裂、剪切破坏 2 种形式,给出了软煤层煤壁发生剪切破坏的条件。方新秋等将剪切破坏面视为圆弧滑面分析了煤壁压剪破坏条件。潘立友基于扩容现象对冲击煤进行单轴压缩试验,研究了煤微破裂扩展、贯通引起的体积扩容等冲击地压前兆,并提出了冲击地压的扩容突变理论。

针对煤起裂强度在煤炭工程的应用方面,李玉伟在掌握煤岩力学特性的基础上研究了煤储层的压裂起裂力学机理,建立了煤层水力压裂的起裂压力计算模型。黄炳香深入分析了煤岩体的结构与物理力学特性,研究了煤岩体水力致裂的水压裂缝扩展规律。

综上可以看出,尽管已经有很多学者针对煤起裂机制进行了大量的研究,但是往往并不是专门研究冲击倾向性煤起裂强度,而是对冲击倾向性煤其他性质进行研究时涉及该问题。这一方面说明冲击倾向性煤起裂强度研究意义重大,很多问题都涉及这个基础理论问题,而另一方面也说明目前尚未有人对冲击倾向性煤单轴压缩起裂机制进行全面分析。不仅如此,因为煤抗拉强度较小且脆性大,也对其起裂强度的研究造成了困难。

综上所述,针对冲击倾向性煤起裂机制研究中起裂准则、起裂强度难以确定的问题,本章首先采用单轴压缩和声发射试验对冲击倾向性煤起裂强度进行了分析;利用数值模拟对起裂时应力分布的影响因素进行分析;随后针对单轴压缩时煤在不同阶段的应力特征进行分析,研究了单轴压缩起裂可能发生的区域,并确定了单轴压缩起裂准则和起裂强度的判定方法;最终对煤单轴压缩时起裂强度、起裂位置的影响因素进行了分析,并与实测结果进行了对比。研究结果可帮助进一步深刻认识冲击倾向性煤起裂机制。

4.2 冲击倾向性煤起裂强度的试验研究

煤起裂强度是指煤内裂纹开始萌生的临界强度。用于确定煤起裂强度值的方法主要包括裂纹应变模型计算法、声发射参数取值法、侧向应变和体积应变曲线观察法以及移动点回归法,但是目前最常用的还是前两者。因此,本章根据裂纹应变模型计算法和声发射参数取值法综合确定煤单轴起裂强度。

采用裂纹应变法来计算岩石的起裂强度最早由 Martin 提出,并获得了广泛的应用。由于煤体积应变一般是无法直接测量的,因此利用以下公式近似计算:

$$\varepsilon_v = \varepsilon_1 + 2\varepsilon_3 \tag{4-1}$$

式中,ε_1 是煤样轴向应变;ε_3 是环向应变;ε_v 是体积应变。由于煤体单轴压缩起裂发生在峰前阶段,因此本章未选取峰后阶段。试验煤样单轴压缩试验应力-应变曲线如图 4-1 所示。

从体积应变 ε_v 中减去弹性体积应变 ε_v^e,即可得到反映煤加载过程中裂纹闭合与张开的裂纹体积应变 ε_v^c。单轴压缩条件下,弹性体积应变 ε_v^e 和裂纹体积应变 ε_v^c 的计算公式如下:

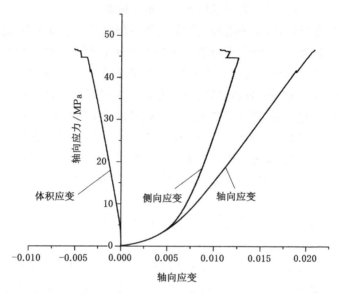

图 4-1　煤样典型单轴压缩试验峰前应力-应变曲线

$$\varepsilon_v^e = \frac{1-2v}{E}\sigma_1 \qquad (4\text{-}2)$$

$$\varepsilon_v^c = \varepsilon_v - \frac{1-2v}{E}\sigma_1 \qquad (4\text{-}3)$$

式中，E、v 分别为煤样线弹性阶段试验应力-应变曲线求得的弹性模量和泊松比；σ_1 是单轴压缩试验的轴向应力。

冲击倾向性煤单轴压缩的裂纹体积应变曲线和起裂应力示意如图 4-2 所示。在裂纹闭合阶段 I，裂纹体积应变 ε_v^c 为正且曲线斜率为正，表明煤样体积正在减小；在弹性阶段 II，理论来说该阶段煤体积应变增量等于弹性体积应变增量，但是由于煤存在非线性弹性阶段，因此两者略有差距；在裂纹稳定扩展阶段 III 和裂纹非稳定扩展阶段 IV，总体积应变中包含裂纹张开引起的体积增大量，导致 ε_v^c 曲线斜率为负。因此弹性阶段与裂纹扩展阶段之间的拐点即是起裂应力 σ_{ci}，据此可以确定 Z-1 煤样的起裂应力为 8.1 MPa。

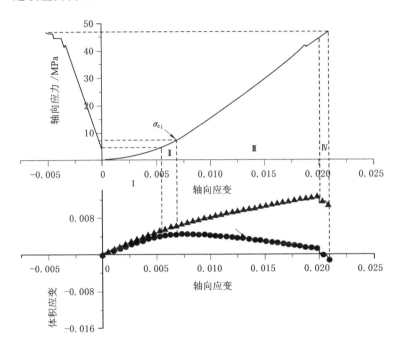

图 4-2 Z-1 煤样裂纹体积应变和起裂应力示意图

声发射同样可以用来确定该类煤样的裂纹起裂强度。煤在单轴压缩受力压缩过程中，内部微破裂产生声波信号，可通过声发射传感器监测到，根据单轴压缩过程中不同阶段声发射能量或计数随时间的变化，即可确定煤裂纹起裂强度值。

图 4-3 为 Z-1 煤样在单轴压缩试验过程中所监测到的声发射事件。从图 4-3 可以看出在冲击倾向性煤样压缩过程中，初始时即有声发射事件发生，表明该类煤样在压密阶段产生少量的能量

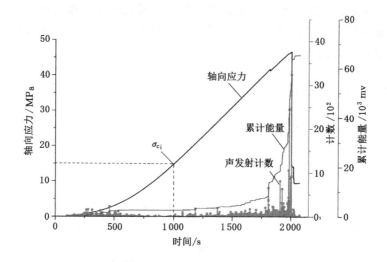

图 4-3　Z-1 煤样单轴压缩全过程声发射计数、
累计能量数、应力和时间关系曲线

较低的声发射现象;随着应力的缓慢增加,在 1 000 s 时声发射事件开始逐渐增多,累计能量增大,说明此时开始有微裂纹产生;继续加载,在 1 800 s 时声发射事件和累计能量显著增加,表明煤样内部裂纹迅速地发展、汇集及贯通;在临近峰值应力处,声发射活动异常活跃,且在 2 000 s 时,随着宏观裂纹的贯通,声发射计数在应力峰值处达到最大值。因此,通过声发射确定 Z-1 煤样起裂强度大致为 14.96 MPa。

　　通过裂纹应变模型计算法和声发射参数取值法综合确定 Z-1 煤样起裂强度为 8.10～14.96 MPa,为峰值强度的 17%～32%。同理确定其余 6 个煤样的起裂强度如表 4-1 所列,可知试验冲击倾向性煤样起裂强度为峰值强度的 17%～47%。本章选用的煤样破坏方式均为拉伸破坏。

表 4-1　　　　　　试验冲击倾向性煤样起裂强度汇总

试样编号	σ_{ci}/MPa	σ_c/MPa	σ_{ci}/σ_c
Z-4	8.70	48.47	0.18
Z-2	8.40	40.37	0.21
Z-1	8.10~14.96	46.70	0.17~0.32
Z-5	9.90	36.52	0.27
Z-3	10.20	44.11	0.23
F-6	8.70	29.77	0.29
Z-8	23.96	51.45	0.47

4.3　冲击倾向性煤单轴压缩应力分布及其影响因素

试验研究是分析煤样起裂的有效方法之一,该方法缺点在于由于煤样的非均质性以及试验研究的费用昂贵,难以全面地分析起裂强度的影响因素,采用数值模拟则可以很好地解决该问题。本节主要研究单轴压缩起裂时应力的分布特征及影响因素,为后续研究冲击倾向性煤样的单轴起裂奠定基础。

4.3.1　模型构建

建立单轴压缩煤样如图 4-4 所示,模型尺寸为 50 cm×100 cm(直径×高)。

综合考虑剪切强度准则和拉伸强度准则,本构模型选取带拉伸截止限的莫尔-库仑模型,该模型既可以考虑剪切强度准则,也可以考虑拉伸强度准则。将带拉伸截止限的莫尔-库仑准则代入 FLAC³ᴰ模型中进行计算,每隔固定步数保存文件并监测模型最大主应力和最小主应力。该模型典型应力-应变曲线如图 4-5 所示。可知,使用上述计算模型可以较好地模拟煤单轴压缩曲线。

图 4-4　FLAC[3D]网格模型

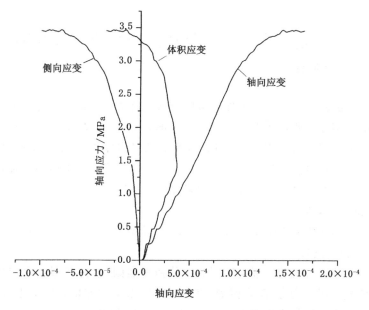

图 4-5　模型单轴压缩典型应力-应变曲线

　　典型的单轴压缩应力云图如图 4-6(a)所示,为进一步展示其应力不同部位分布情况,三个二维切片如图 4-6(b)所示,其中切片 2 是中轴切片。对比不同切片的应力分布图如图 4-6(c)所示，中轴切片应力最大，因此选取中轴切片作为对应力分布影响分析的典型切片进行研究。为便于定量分析，对中轴线选取 10 个点进行监测，监测点分布如图 4-6(d)所示。

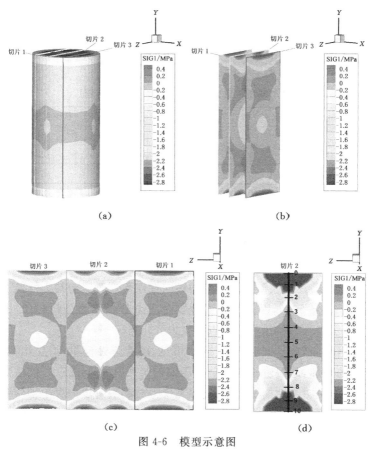

(a)　　　　　　　　　　(b)

(c)　　　　　　　　　　(d)

图 4-6　模型示意图

(a)计算模型典型最大主应力分布云图；(b)二维切片相对位置示意图；

(c)单轴压缩典型最大主应力切片图；(d)中轴切片相对位置示意图

4.3.2 应力影响因素分析

鉴于煤单轴压缩的应力分布受到多个因素的影响,因此采用边际均值对各因素影响进行分析。本章选取煤弹性模量、泊松比、黏聚力、内摩擦角、抗拉强度等 5 个典型影响因素,参考不同煤级煤的取值的可能性,选取偏大的取值范围,各影响因素取值范围如表 4-2 所列。影响因素的标准值为 3*,分别改变各影响因素数值,同时控制其他因素数值为标准值时,分析图 4-6(d) 所示监测点应力的变化情况。

表 4-2   煤单轴压缩应力分布影响因素的取值范围

编号	弹性模量/GPa	泊松比	内摩擦角/(°)	黏聚力/MPa	抗拉强度/MPa
1	0.40	0.15	15.00	0.20	0.10
2	2.40	0.20	20.00	1.00	0.20
3*	4.40	0.25	25.00	1.80	0.30
4	6.40	0.30	30.00	2.60	0.40
5	8.40	0.35	35.00	3.40	0.50
6	10.40	0.40	40.00	4.20	0.60

注:3* 表示影响因素取值为标准值。

根据前述试验研究可知冲击倾向性煤起裂时应力约为峰值强度的 38%～50%,因此选取该阶段内应力分布作为分析对象,图 4-7 所示为在该阶段内监测点的应力变化情况。

由图 4-7(a)～(d)、(g)～(h) 可见,随着弹性模量、泊松比、黏聚力的增加,起裂阶段内煤单轴压缩的最大和最小主应力数值变化明显,说明弹性模量、泊松比和黏聚力对起裂阶段内煤单轴压缩应力分布影响显著;由图 4-7(g)～(f)、(i)～(j) 可知,随着内摩擦角、抗拉强度的增加,起裂阶段各相对位置处的最大和最小主应力的变化均不明显,表明内摩擦角、抗拉强度对煤单轴压缩起裂阶段应力分布影响不明显。

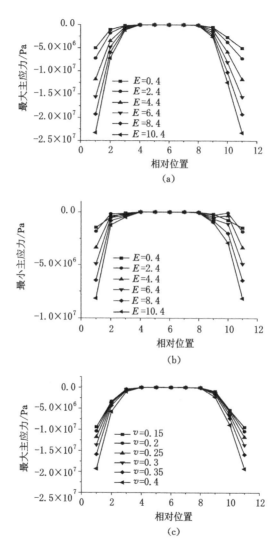

图 4-7 煤起裂强度影响因素分析

(a),(b) 弹性模量；(c) 泊松比

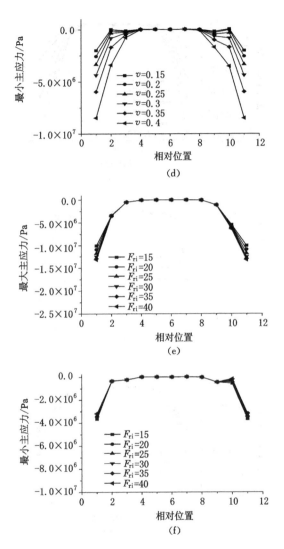

续图 4-7 煤起裂强度影响因素分析

(d) 泊松比；(e),(f) 内摩擦角

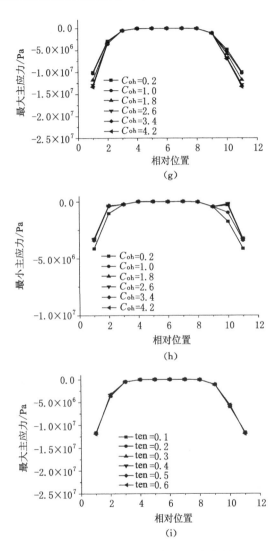

续图 4-7　煤起裂强度影响因素分析

(g),(h) 黏聚力;(i) 抗拉强度

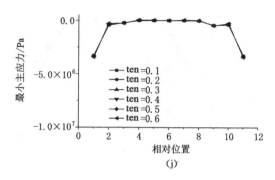

续图 4-7　煤起裂强度影响因素分析

(j) 抗拉强度

4.4　冲击倾向性煤起裂机制及其影响因素

4.4.1　煤单轴压缩起裂判定方法分析

通过对不同力学性质煤的单轴压缩试验研究表明,煤单轴压缩过程中既会出现拉裂破坏,同时也会出现剪切破坏。为了进一步研究冲击倾向性煤单轴压缩的起裂准则,本章选取莫尔-库仑和格里菲斯强度准则进行验证。

模型单轴压缩阶段典型应力变化如图 4-8 所示,AB 阶段为裂纹闭合阶段,切片显示最大主应力变化不明显;BC 段为弹性变形阶段,切片显示最大主应力显著增加并向试件内部延深;CD 段为裂纹非稳定扩展阶段,此时试件最大主应力快速增加,裂纹非稳定扩展直至试件失去承载能力。结合前文试验和理论可知冲击倾向性煤单轴压缩起裂现象大都发生在 C 点左右,此时煤体内部应力显著增加、局部应力集中,微裂纹产生。

4.4.2　煤单轴压缩起裂准则分析

选取计算模型线弹性变形阶段局部应力集中区为起裂区域(见

图 4-9)，对起裂准则进行验证，模型计算参数为弹性模量 4.4 GPa、泊松比 0.4、内摩擦角 20°、黏聚力 2.6 MPa、抗拉强度 0.5 MPa。

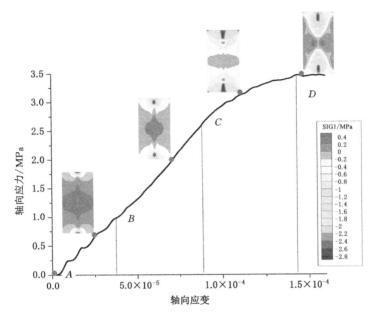

图 4-8　模型单轴压缩典型应力变化图

（1）莫尔-库仑准则

若用莫尔-库仑强度理论来判断试样破坏的起裂区域，假定最小主应力 σ_3，最大主应力 σ_{1f}：

$$\sigma_{1f} = \sigma_3 \tan^2\left(\frac{\pi}{2} + \frac{\varphi}{2}\right) + 2c\,\tan\left(\frac{\pi}{2} + \frac{\varphi}{2}\right) \tag{4-4}$$

150 步时：

$$\sigma_{1f} - \sigma_1 = -7.66 \text{ MPa} < 0 \tag{4-5}$$

300 步时：

$$\sigma_{1f} - \sigma_1 = -3.67 \text{ MPa} < 0 \tag{4-6}$$

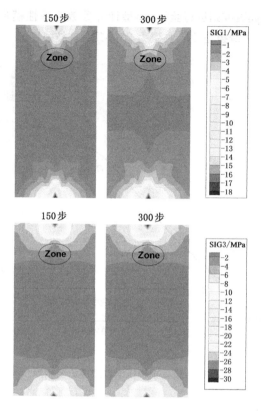

图 4-9　模型起裂方式判断方法示意图

由公式(4-5)和式(4-6)可知,区域 Zone 在 150、300 步时均未发生剪切破坏。

(2) 格里菲斯微裂纹强度准则

若用格里菲斯微裂纹强度理论来判断试样破坏的起裂区域,试样模型 150 步和 300 步时起裂判定如下:

150 步时,$\sigma_1 + \sigma_3 \geqslant 0$,则:

$$\frac{(\sigma_1-\sigma_3)^2}{(\sigma_1+\sigma_3)}-8\sigma_T=-3.99 \text{ MPa}<0 \tag{4-7}$$

300 步时，$\sigma_1+\sigma_3\geqslant0$，则：

$$\frac{(\sigma_1-\sigma_3)^2}{(\sigma_1+\sigma_3)}-8\sigma_T=0.11 \text{ MPa}>0 \tag{4-8}$$

由公式(4-7)和式(4-8)可知，区域 Zone 在 150 步时未发生破坏，而在 300 步时发生拉伸破坏。

综上可得，该计算模型在 150 步时，既未发生剪切破坏也未发生拉伸破坏；在 300 步时发生了拉伸破坏，可知起裂现象发生在 150～300 步之间。

为进一步准确地确定计算模型起裂模式、起裂强度和起裂位置，采用相同的方法对 200 步和 250 步时上述区域 Zone 进行判断后得：模型在 250～300 步时发生拉伸破坏，即起裂模式为拉伸破坏；选取 250 和 300 步时的平均强度为起裂强度，则起裂强度为4.6 MPa；此时起裂区域的部位即为起裂位置，位于试样中上部。

4.4.3 煤单轴压缩起裂强度、模式和位置分析

为全面分析冲击倾向性煤单轴压缩起裂强度和位置的影响因素，采用正交设计进行分析。考虑到正交试验的覆盖及成本，将影响因素分为四水平进行设计，根据大量的数据收集，对于大部分的煤，煤弹性模量的取值范围定为 2.5～7.0 GPa，泊松比的范围定为 0.2～0.35，内摩擦角的范围定为 20°～35°，黏聚力的范围定为 0.2～3.2 MPa，抗拉强度的范围的范围为 0.1～0.4 MPa，共设计 16 个方案。

对上述正交方案进行计算，并对该类煤单轴压缩的起裂模式、起裂强度、起裂位置与试件长度的比值和起裂强度与峰值强度的比值进行正交分析，结果如表 4-3 所列。

为进一步分析煤样力学参数对其力学性质的影响，在正交分

析的基础上进行方差分析,构造 F 统计量,作 F 检验,即可判断因素作用是否显著。正交试验方差结果如表 4-4 所示,其中 F 检验值越小,表明因素越显著,F 检验值在 0.05 以下,表明因素非常显著。

表 4-3　影响因素对煤单轴压缩的正交试验方案及结果

参数编号	弹性模量/GPa	泊松比	内摩擦角/(°)	黏聚力/MPa	抗拉强度/MPa	起裂模式	起裂强度/MPa	L_1/L	σ_{ci}/σ_c
1	4	0.25	25	1.2	0.1	拉伸破坏	3.15	0.11	0.59
2	4	0.35	30	0.2	0.3	拉伸破坏	2.04	0.11	0.48
3	2.5	0.25	30	3.2	0.2	拉伸破坏	2.72	0.15	0.23
4	5.5	0.3	30	2.2	0.1	拉伸破坏	5.46	0.16	0.54
5	2.5	0.2	20	0.2	0.1	拉伸破坏	1.3	0.11	0.33
6	2.5	0.35	25	2.2	0.4	拉伸破坏	3.29	0.13	0.41
7	5.5	0.2	25	3.2	0.3	拉伸破坏	5.14	0.13	0.42
8	2.5	0.3	35	1.2	0.3	拉伸破坏	2.86	0.12	0.49
9	7	0.3	25	0.2	0.2	拉伸破坏	3.51	0.06	0.59
10	4	0.3	20	3.2	0.4	拉伸破坏	4.88	0.14	0.45
11	5.5	0.35	20	1.2	0.2	拉伸破坏	3.86	0.06	0.58
12	4	0.2	35	2.2	0.2	拉伸破坏	3.69	0.12	0.35
13	7	0.3	30	1.2	0.4	拉伸破坏	4.2	0.10	0.59
14	5.5	0.25	35	0.2	0.4	剪切破坏	2.09	0.13	0.47
15	7	0.35	35	3.2	0.1	拉伸破坏	7.52	0.14	0.49
16	7	0.25	20	2.2	0.3	拉伸破坏	4.62	0.13	0.53

注:L_1/L 表示起裂位置与试样长度的比值,σ_{ci}/σ_c 表示起裂强度与峰值强度的比值。

表 4-4　影响因素对煤单轴压缩的正交试验方差结果

影响因素	变形破坏	偏差平方和	自由度	均方	F 值	F 显著性
弹性模量	起裂强度	169.116	5	33.823	10.648	0
	L_1/L	1.336	5	0.267	0.485	0.784
	σ_{ci}/σ_c	0.276	5	0.055	1.485	0.233
泊松比	起裂强度	38.951	5	7.790	2.452	0.044
	L_1/L	2.022	5	0.404	0.734	0.605
	σ_{ci}/σ_c	0.310	5	0.062	1.666	0.183
内摩擦角	起裂强度	31.300	5	6.260	1.970	0.121
	L_1/L	2.965	5	0.593	1.076	0.399
	σ_{ci}/σ_c	0.146	5	0.029	0.787	0.570
黏聚力	起裂强度	218.237	5	43.647	13.741	0.000
	L_1/L	1.247	5	0.249	0.453	0.807
	σ_{ci}/σ_c	0.159	5	0.032	0.854	0.526
抗拉强度	起裂强度	31.001	5	6.200	1.952	0.124
	L_1/L	0.851	5	0.170	0.309	0.903
	σ_{ci}/σ_c	0.328	5	0.066	1.761	0.161

4.4.4　煤单轴压缩数值模拟与试验对比分析

由表 4-4 主效应分析可知,弹性模量、泊松比等材料参数对冲击倾向性煤单轴起裂强度的影响较显著(F 显著性值均在 0.05 以下),主要是因为起裂大多发生在弹性变形阶段,因此煤弹性参数对起裂强度影响较大。由表 4-3 可知,数值模拟结果表明冲击倾向性煤起裂强度为峰值强度的 35% ~ 55%,略高于前述室内试验结果(38% ~ 50%),这与数值模拟未考虑煤非均质性相关。

由表 4-3 可知,数值模拟结果表明,大多数煤单轴压缩后最开始受到拉应力作用而破坏,即起裂方式是拉伸破坏。前述室内试验选取冲击倾向性煤的最终破坏形态均是拉伸破坏,这主要是煤体内部受拉应力作用局部失稳而出现起裂、裂纹扩展和贯通造成的,这与煤抗拉强度较小相关,与表 4-3 所示数值模拟结果一致。

由数值模拟结合正交分析可知,冲击倾向性煤内部裂纹起裂的区域基本位于试样中上部,约 $1/10 \sim 1/5$ 位置,如图 4-10 所示。已有学者利用声发射技术对煤裂纹扩展位置进行定位,研究表明煤起裂时 AE 主要呈散漫状分布于试样中上部,如图 4-11(a)所示,这与数值模拟结果是相吻合的,并且数值模拟结果还表明起裂位置受弹性模量、泊松比、黏聚力等因素影响不大(F 检验值在0.05 以上),即如果不受非均质因素等影响,煤通常从试样中上部起裂。

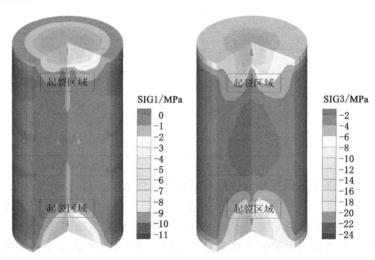

图 4-10　数值模拟分析的煤起裂位置示意图

本章煤样为冲击倾向性煤,该类煤的声发射主要集中在进入裂纹扩展阶段,同时也应看到,有的煤压缩后 AE 呈散漫状分布于试样整体,如图 4-11(b)所示。出现这种模式的原因与煤非均质性密切相关,尤其是对于本身孔隙、裂隙较为发育的煤,其抗压强度一般较小,起裂时易于整体起裂。

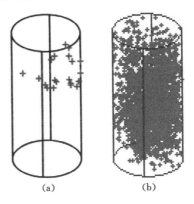

(a)   (b)

图 4-11 煤起裂时 AE 分布的两种模式

4.5 本章小结

(1) 具有冲击倾向性的煤体起裂强度可以通过裂纹应变模型计算法和声发射参数取值法确定,即煤起裂强度为其单轴抗压强度的 38%～50%。数值模拟分析的起裂强度结果略高于室内试验,为 35%～55%,这与数值模拟未考虑煤非均质性相关。

(2) 通过大量的数值模拟试验可知,大多数冲击倾向性煤单轴压缩的起裂模式是拉伸破坏。弹性模量、泊松比、黏聚力等材料参数对煤内应力分布和起裂强度具有较显著影响;而摩擦角、抗拉强度对其影响不显著。

(3) 不考虑煤非均质特性,弹性模量、泊松比、黏聚力等对起裂位置影响均不显著,冲击倾向性煤起裂位置一般位于试样中上部,约 1/10～1/5 处,与声发射定位试验结果相吻合。

本章采用室内试验与数值模拟结果相结合的方法,对冲击倾向性煤起裂进行了初步分析,得到了一些有用的结论,同时也应看到煤起裂也受到其非均质性影响,因此下一步应针对该类煤起裂强度、位置与其非均质的关系展开研究。

参考文献

[1] 艾婷,张茹,刘建锋,等.三轴压缩煤岩破裂过程中声发射时空演化规律[J].煤炭学报,2011,36(12):2048-2057.

[2] 蔡美峰.岩石力学与工程[M].北京:科学出版社,2013.

[3] 方新秋,何杰,李海潮.软煤综放面煤壁片帮机理及防治研究[J].中国矿业大学学报,2009,38(5):640-644.

[4] 方新秋,钱鸣高,曹胜根,等.综放开采不同顶煤端面顶板稳定性及其控制[J].中国矿业大学学报,2002,31(1):72-77.

[5] 黄炳香,程庆迎,刘长友,等.煤岩体水力致裂理论及其工艺技术框架[J].采矿与安全工程学报,2011,28(2):167-173.

[6] 李浩然,杨春和,刘玉刚,等.单轴荷载作用下盐岩声波与声发射特征试验研究[J].岩石力学与工程学报,2014,33(10):2107-2116.

[7] 李志刚,付胜利,乌效鸣,等.煤岩力学特性测试与煤层气井水力压裂力学机理研究[J].石油钻探技术,2000(3):10-13.

[8] 刘保县,黄敬林,王泽云,等.单轴压缩煤岩损伤演化及声发射特性研究[J].岩石力学与工程学报,2009,28(增刊):3234-3238.

[9] 刘京红,姜耀东,赵毅鑫,等.单轴压缩条件下岩石破损过程的CT试验分析[J].河北农业大学学报,2008(4):112-115.

[10] 刘宁,张春生,褚卫江.锦屏深埋大理岩破裂特征与损伤演化规律[J].岩石力学与工程学报,2012,31(8):1606-1613.

[11] 刘宁,张春生,褚卫江.深埋隧洞开挖损伤区的检测及特征分

析[J].岩土力学,2011,32(增刊 2):526-531.

[12] 潘结南.煤岩单轴压缩变形破坏机制及与其冲击倾向性的关系[J].煤矿安全,2006,37(8):1-4.

[13] 潘立友.冲击地压前兆信息的可识别性研究及应用[D].泰安:山东科技大学,2003.

[14] 彭俊,荣冠,周创兵,等.水压影响岩石渐进破裂过程的试验研究[J].岩土力学,2013,34(4):941-954.

[15] 唐书恒,颜志丰,朱宝存,等.饱和含水煤岩单轴压缩条件下的声发射特征[J].煤炭学报,2010,35(1):37-41.

[16] 王家臣.极软厚煤层煤壁片帮与防治机理[J].煤炭学报,2007,32(8):785-788.

[17] 张朝鹏,张茹,张泽天,等.单轴受压煤岩声发射特征的层理效应试验研究[J].岩石力学与工程学报,2015,34(4):770-778.

[18] 周辉,孟凡震,卢景景,等.硬岩裂纹起裂强度和损伤强度取值方法探讨[J].岩土力学,2014,35(4):913-918.

[19] 朱泽奇,盛谦,冷先伦,等.三峡花岗岩起裂机制研究[J].岩石力学与工程学报,2007,26(12):2570-2575.

[20] 左建平,裴建良,刘建锋,等.煤岩体破裂过程中声发射行为及时空演化机制[J].岩石力学与工程学报,2011,30(8):1564-1570.

[21] CAI M,KAISER P K,TASAKA Y M,et al.Generalized crack initiation and crack damage stress thresholds of brittle rock masses near underground excavations [J]. International journal of rock mechanics and mining sciences,2004,41(5):833-847.

[22] EVERITT R A,LAJTAI E Z.The influence of rock fabric on excavation damage in the Lac du Bonnett granite[J].

International journal of rock mechanics and mining sciences,2004,41(8):1277-1303.

[23] MARTIN C D,CHANDLER N A.The progressive fracture of Lac du Bonnet granite[J].International journal of rock mechanics and mining sciences and geomechanics abstracts, 1994,31(6):643-659.

[24] MARTIN C D.The strength of massive Lac du Bonnet granite around underground openings [D]. Manitoba: University of Manitoba,1993.

5 冲击倾向性煤压缩破坏机制及其影响因素

大量的冲击倾向性煤样三轴试验表明,该类煤样在三轴试验中的破坏通常都是剪切破坏,破坏方式表现为沿一条或多条破裂面(即剪切面/带)滑动。关于冲击倾向性煤的剪切破坏研究是煤炭界的重要研究领域。针对冲击倾向性煤剪切破坏影响因素和单试样剪切强度参数难以确定的问题,本章首先采用正交分析理论,以弹性模量、泊松比、黏聚力、内摩擦角、剪胀角、围压为自变量,设计计算方案,分析各因素对于冲击倾向性煤变形破坏特征的影响。然后以计算结果为基础训练人工神经网络,应用遗传算法搜索最佳的神经网络结构,建立黏聚力、内摩擦角与岩体峰值强度、应变、破坏角的非线性映射关系,并在此关系的基础上,采用遗传算法进行全局优化,在以综合目标函数为最小的条件下得到冲击倾向性煤剪切参数的最优解,并与实测结果进行对比。研究结果可进一步深刻认识冲击倾向性煤剪切变形破坏的影响因素,并获得单一煤样的剪切强度参数。

5.1 煤压缩破坏机制研究现状

许多学者和研究人员针对煤岩体剪切特性进行过大量的研究。如王学滨研究了岩样剪切局部化而引起的岩样系统的失稳判据,认为剪切失稳破坏关键取决于岩样高度、剪切弹性模量、剪切降模量、岩石材料内部长度参数及剪切带倾角。苏承东分析了煤样在常规三轴压缩和三轴卸围压试验下的剪切强度和变形特征，研究成果表明三轴卸围压与常规三轴相比峰后塑性明显增强，煤样破坏时的轴向应变量受常规三轴压缩全程应力-应变曲线控制。汪斌对高应力下煤岩剪切强度特性进行了试验验证，研究结果表明随着应力增加其破裂角呈非线性衰减并趋向 $\pi/4$。钱海涛基于试样的宏观破坏现象受微观破坏概率的分布制约这一前提，表明莫尔-库仑准则是描述试样剪切破坏时大量微破坏行为共同作用的统计结果。李春光采用双参数抛物型莫尔-库仑强度准则所推导的破裂角公式主要与内摩擦角和围压相关。由上可知，目前对于煤岩体，其剪切破坏带的形成及影响因素、剪切强度的参数的获得目前仍然未研究清楚，前述研究往往针对某一因素展开研究，尚未有人对煤岩体剪切破坏进行全面分析。

煤体，尤其是冲击倾向性煤，其黏聚力和内摩擦角是工程设计和数值计算的重要参数，对此前人已进行过大量研究，通常利用不同围压下圆柱形岩样的三轴压缩强度来回归确定。对于常规三轴压缩试验，试验规程都要求标准岩样数不得少于 5 个，以便获得多个样品的均值与方差等统计参数进行统计分析，得到满足工程要求的参数。对于煤体，其属于沉积岩类，与其他岩石相比，煤体中分布着大量的孔隙、裂隙、层理等诸多类型的缺陷，具有更加明显的非均质性，煤体试样离散性较大，甚至出现内摩擦角极大而黏聚力极小的情况，确定的强度参数可信度较小。此外直接回归确定的内摩擦角等参数为多个试样的平均值，并不能反映单个煤样的力学性质。

为有效避免岩样本身离散性过大对岩石强度的影响，人们提出用一块岩样获得多个强度值的方法，称为多级破坏试验方法，也叫单试件法或单块法。多级破坏试验方法在试验研究和生产实践中已经得到了较普遍的开展，并获得了广泛的认可。如苏承东通过试验发现大理岩在围压较高时具有明显的屈服平台,通过对同一试样逐级提高围压的加载方法,就可以得到不同围压下试样的强度。李宏哲则研究了卸荷多级破坏试验方法,将卸荷应力路径与多级破坏方法有机结合,既考虑了应力路径对强度的影响,又有效避免岩样离散性过大对强度的影响。但该种方法也有其缺点,即多级破坏点的选取主要靠经验确定。

现场计算煤岩体稳定时,对其剪切强度往往采取莫尔-库仑准则,而对于一个固定的煤样,其剪切强度参数应是唯一的,对应的峰值强度、破坏角、峰值应变量等也是唯一的。通常利用剪切强度回归强度参数时,仅仅使用了其剪切参数所对应的一个参数(即强度),而该煤样破坏时的破坏角、应变等均未使用。理论上,只要确定了其强度、破坏角、峰值应变量等参数值,其剪切强度参数也可以确定。

5.2 冲击倾向性煤压缩破坏影响因素的正交方案

5.2.1 正交方案

鉴于煤体的黏聚力和内摩擦角是工程设计和数值计算的重要参数,因此本构模型选取带拉伸截止限的莫尔-库仑模型。采用该本构模型时,影响煤体变形破坏的参数包括:煤体变形参数(如弹性模量、泊松比、剪胀角)、莫尔-库仑模型中的强度参数(如黏聚力、内摩擦角),也包含外部影响因素(如围压)。

由于影响因素众多,且因素取值范围大,采用均匀设计方案众多,计算量极大,因此采用正交试验来分析影响因素对煤样变形破坏的影响。正交试验是从全面试验中挑选出部分有代表性的点进行试验,这些有代表性的点具备了"均匀分散,齐整可比"的特点。正交试验是一种高效率、快速、经济的实验设计方法。

考虑到正交试验的覆盖及成本,将影响因素分为六水平进行设计,根据大量的数据收集,对于大部分的煤体,煤的弹性模量的取值范围定为 0.4～10.4 GPa,泊松比的范围定为 0.15～0.40,内摩擦角的范围定为 15°～45°,黏聚力的范围定为 0.2～4.2 MPa,剪胀角的范围定为 0°～10°,围压范围定为 2～22 MPa,共设计 49 个方案,如表 5-1 所示。特别需要强调的是根据此取值范围所得到的试样,也有极个别小于规定的冲击倾向性煤的单轴抗压强度,同时也有极个别试样单轴抗压强度大于常见冲击倾向性煤的强度,这是正交设计方案必须覆盖的,因此无法避免。尽管如此,由于大部分试样都符合常见冲击倾向性煤的力学指标,因此可据此方案得出冲击倾向性煤压缩破坏的一般规律。

5.2.2 模型构建

利用 FLAC[3D]的 Fish 语言建立单轴压缩试样,模型尺寸为 50 cm×100 cm(直径×高),如图 5-1 所示,单元为 80 000,节点为 81 651。

图 5-1 FLAC[3D]网格模型

在对煤体试样施加围压的过程中,采用阶梯加载方式来避免数值模拟过程中的冲击效应,即在对试样施加围压或者轴向位移的过程中,通过应力或者位移的缓慢提升,来获得较为稳定的试验曲线。以施加 12 MPa 的围压为例,每次施加 0.12 MPa 的围压,待程序计算 100 步平衡后,再施加下一个 0.12 MPa,循环增加至预设应力。施加轴向位移加载时方法相似,循环至预设加载速度。

采用上述网格模型和本构模型,并使用阶梯加载方案,将表 5-1 所列正交方案代入 FLAC^{3D} 模型中进行计算,并监测模型的轴向应力、轴向位移、环向位移的变化,计算结果如表 5-1 所列。

表 5-1　影响因素对煤体变形破坏的正交试验方案及结果

编号	弹性模量 /GPa	泊松比	内摩擦角 /(°)	黏聚力 /MPa	剪胀角 /(°)	围压 /MPa	峰值强度 /MPa	破坏类型	等效破裂角 /(°)	峰值轴向应变	峰值环向应变
1	4.4	0.40	21	0.2	4	14	31.0	延性	90.0	0.002 00	0.000 70
2	4.4	0.25	45	4.2	8	22	145.0	单剪	53.9	0.014 50	0.003 40
3	8.4	0.40	39	2.2	10	2	19.3	共轭剪	58.6	0.001 00	0.000 43
4	0.4	0.35	15	3.2	8	2	11.6	延性	90.0	0.012 00	0.004 20
5	6.4	0.15	21	3.2	2	2	14.0	张剪	71.1	0.001 02	0.000 14
6	10.4	0.20	45	0.2	2	2	13.5	单剪	52.8	0.000 60	0.000 12
7	8.4	0.30	27	0.2	8	2	6.6	延性	90.0	0.000 32	0.000 09
8	4.4	0.20	39	3.2	0	6	40.0	单剪	45.0	0.004 00	0.000 76
9	10.4	0.15	33	4.2	0	2	23.0	张剪	69.2	0.001 05	0.000 16
10	4.4	0.15	33	2.2	6	18	70.0	张剪	64.5	0.006 80	0.000 85
11	0.4	0.40	15	4.2	2	18	41.0	张剪	72.7	0.040 00	0.010 00
12	2.4	0.25	15	3.2	0	14	32.0	延性	90.0	0.005 00	0.000 90
13	6.4	0.15	15	2.2	8	10	23.0	延性	90.0	0.001 50	0.000 14
14	0.4	0.40	45	5.2	0	2	34.0	单剪	55.7	0.038 50	0.016 00
15	0.4	0.35	39	4.2	4	10	60.0	单剪	46.4	0.062 50	0.024 00
16	6.4	0.30	39	0.2	0	18	78.0	共轭剪	60.9	0.005 00	0.001 40
17	2.4	0.15	39	0.2	2	22	96.0	共轭剪	65.4	0.018 00	0.000 22

表 5-1(续)

编号	弹性模量/GPa	泊松比	内摩擦角/(°)	黏聚力/MPa	剪胀角/(°)	围压/MPa	峰值强度/MPa	破坏类型	等效破裂角/(°)	峰值轴向应变	峰值环向应变
18	4.4	0.15	27	1.2	0	2	9.6	张剪	64.6	0.000 97	0.000 13
19	0.4	0.15	15	0.2	0	2	39.0	延性	90.0	0.004 00	0.000 20
20	10.4	0.25	15	0.2	10	18	31.0	延性	90.0	0.001 40	0.000 15
21	10.4	0.15	39	5.2	8	14	84.0	共轭剪	66.4	0.003 80	0.000 50
22	0.4	0.20	21	1.2	8	18	41.0	延性	90.0	0.040 00	0.005 50
23	10.4	0.35	21	2.2	0	22	54.0	张剪	69.5	0.001 70	0.000 50
24	10.4	0.30	15	1.2	4	6	14.0	延性	90.0	0.000 50	0.000 11
25	8.4	0.25	21	0.2	0	10	22.0	张剪	71.3	0.001 00	0.000 17
26	8.4	0.35	33	1.2	2	14	52.0	张剪	52.3	0.002 40	0.000 76
27	0.4	0.25	27	2.2	2	6	23.0	张剪	62.6	0.023 50	0.005 00
28	0.4	0.15	21	5.2	10	6	27.5	延性	90.0	0.031 00	0.003 90
29	0.4	0.30	45	2.2	0	14	90.0	单剪	46.4	0.095 00	0.027 50
30	4.4	0.30	15	5.2	2	10	30.0	延性	90.0	0.002 60	0.000 69
31	0.4	0.20	33	0.2	0	10	34.0	共轭剪	61.6	0.036 00	0.006 00
32	2.4	0.15	45	1.2	10	10	62.0	单剪	54.3	0.012 00	0.001 70
33	2.4	0.35	27	5.2	0	18	64.0	张剪	72.4	0.010 00	0.003 20
34	0.4	0.15	15	2.2	6	14	24.0	延性	90.0	0.024 00	0.001 70
35	0.4	0.30	33	3.2	10	22	86.0	张剪	65.7	0.085 00	0.023 00
36	8.4	0.20	15	5.2	6	22	51.0	延性	90.0	0.002 45	0.000 32
37	8.4	0.15	45	3.2	4	18	120.8	单剪	50.6	0.006 50	0.000 89
38	0.4	0.25	39	1.2	6	2	13.5	共轭剪	66.0	0.015 00	0.003 60
39	4.4	0.35	15	0.2	10	2	4.3	延性	90.0	0.000 30	0.000 09
40	2.4	0.20	15	2.2	4	2	9.2	延性	90.0	0.001 70	0.000 30

表 5-1（续）

编号	弹性模量/GPa	泊松比	内摩擦角/(°)	黏聚力/MPa	剪胀角/(°)	围压/MPa	峰值强度/MPa	破坏类型	等效破裂角/(°)	峰值轴向应变	峰值环向应变
41	0.4	0.15	27	0.2	4	22	59.0	张剪	50.6	0.061 00	0.006 50
42	6.4	0.35	45	0.2	6	6	36.0	单剪	50.8	0.002 35	0.000 82
43	6.4	0.20	27	4.2	10	14	51.0	延性	90.0	0.003 40	0.000 56
44	6.4	0.40	15	1.2	0	22	41.0	延性	90.0	0.001 65	0.000 50
45	8.4	0.15	15	4.2	0	6	21.5	延性	90.0	0.001 15	0.000 15
46	10.4	0.40	27	3.2	6	10	38.0	张剪	69.4	0.001 33	0.000 52
47	6.4	0.25	33	5.2	4	2	26.5	张剪	59.3	0.001 90	0.000 48
48	2.4	0.40	33	0.2	8	6	21.0	张剪	60.3	0.003 10	0.001 22
49	2.4	0.30	21	4.2	6	2	16.5	延性	90.0	0.003 00	0.000 91

对于破坏面的衡量一般均采用破坏角,但是破坏角只能在一定程度上反映破坏面情况,对于有些情况采用破坏角衡量并不理想。

如图 5-2 所示,共有 3 种破裂形式,分别为曲线破裂面、直线破裂面和共轭破裂面,若采用破裂角描述均为同一个角度,但实际破裂程度并不相同。为了能采用破裂角更好地描述破坏面情况,提出等效破裂角的概念。

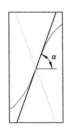

图 5-2　破裂角内涵

根据前人研究结果可知,围压越大,破裂角有减小的趋势,也即破裂线越短。因此最短的破裂线应为破裂角为45°时对应的破裂线长度,为1.414a(其中a为试样直径)。定义实际破裂线长度与最短破裂线长度的比值的反正切值为等效破裂角。据此可得等效破裂角最小为45°。对于单轴破坏,由于试样强度较小,单轴破坏后往往有较多破裂面,对应破裂线长度较长,代入可得等效破裂角为90°,与实际破裂角吻合。

5.3 冲击倾向性煤压缩破坏结果分析

5.3.1 方差主效应分析

对于煤样力学参数如何影响其力学性质,根据已有煤体力学特性基本原理和统计结果,可以进行大致推断,但是并不能实现定量化分析。而正交分析中的方差分析和估计边际均值分析可以很好地解决这个问题。

正交分析中的方差分析的基本思想是将数据的总变异分解成因素引起的变异和误差引起的变异两部分,构造F统计量,作F检验,即可判断因素作用是否显著,F检验值越小,表明越显著,F检验值在0.05以下,表明非常显著。

表5-2　影响因素对煤体变形破坏的正交试验方差结果

影响因素	变形破坏	偏差平方和	自由度	均方	F值	F显著性
弹性模量	强度	456.7	5	91.3	0.4	0.823
	等效破坏角	129.0	5	25.8	0.4	0.850
	轴向应变	0	5	0	17.4	0
	环向应变	0	5	0	9.1	0

表 5-2(续)

影响因素	变形破坏	偏差平方和	自由度	均方	F 值	F 显著性
泊松比	强度	1 731.0	5	346.2	1.6	0.204
	等效破坏角	329.3	5	65.9	1.0	0.451
	轴向应变	0	5	0	1.9	0.147
	环向应变	0	5	0	2.6	0.060
内摩擦角	强度	12 197.2	5	2 439	11.4	0
	等效破坏角	9 394.4	5	1 878	28.3	0
	轴向应变	0	5	0	2.1	0.110
	环向应变	0	5	0	2.2	0.096
黏聚力	强度	2 130.6	5	426.1	2.0	0.128
	等效破坏角	210.3	5	42.1	0.6	0.677
	轴向应变	0	5	0	0.6	0.676
	环向应变	0	5	0	1.4	0.257
剪胀角	强度	698.7	5	139.7	0.7	0.661
	等效破坏角	773.0	5	154.6	2.3	0.085
	轴向应变	0	5	0	0.9	0.476
	环向应变	0	5	0	0.8	0.561
围压	强度	22 542.4	5	4 508.0	21.2	0
	等效破坏角	272.4	5	54.5	0.8	0.552
	轴向应变	0	5	0	3.0	0.036
	环向应变	0	5	0	1.0	0.453

从表 5-2 可以看出,对于强度,内摩擦角、围压、黏聚力有显著影响,而泊松比、剪胀角、弹性模量基本没有影响;对于等效破坏角,内摩擦角和剪胀角具有显著影响,围压次之,黏聚力、泊松比、弹性模量则基本没有影响;对于轴向应变,弹性模量、围压具有显

著影响,内摩擦角和泊松比次之,黏聚力和剪胀角基本没有影响;对于环向应变,弹性模量、泊松比具有显著影响,内摩擦角、黏聚力、围压次之,剪胀角基本没有影响。

5.3.2 估计边际均值分析

鉴于煤体的变形破坏受到多个因素的影响,因此采用边际均值对各影响因素进行分析。所谓边际均值,就是在控制了其他因素之后,只是单纯在一个因素的作用下,分析因变量的变化。估计边际均值分析结果如图 5-3 所示。

从图 5-3 可见,煤体强度随着内摩擦角和围压的增大而显著增大,煤体的黏聚力影响小于内摩擦角和围压。煤体等效破坏角随着内摩擦角的增大而减小,随着剪胀角的增大而增大。煤体轴向应变随着弹性模量的增大而减小,随着围压的增大而增大。煤体环向应变随着弹性模量的增大而减小,随着泊松比的增大而增大。

5.3.3 破坏模式分析

对煤样破坏模式进行总结,可以看到各种参数组合下,岩石的破坏仍然仅有 4 种形式,分别为单剪破坏、共轭剪切破坏、张剪破坏、延性破坏。

单剪典型破坏形式如图 5-4 所示,所有出现单剪破坏的试验编号为 2、6、8、14、15、29、32、37、42,分析这些试验的参数特征,发现在内摩擦角 45°时,不论其他参数如何变化,均出现了单剪破坏。同时出现单剪破坏的还有内摩擦角为 39°的两个试验,对应的黏聚力分别为 3.2 MPa 和 4.2 MPa,剪胀角为 0°和 4°。

共轭剪切典型破坏形式如图 5-5 所示,所有出现共轭剪切破坏的试验编号为 3、16、17、21、31、38,分析这些试验的参数特征,发现在内摩擦角为 39°时,不论其他参数如何变化,除上述出现的两次单剪破坏后,其他均出现了共轭剪切破坏。同时出现共轭破坏的还有内摩擦角为 33°的两次试验,对应的黏聚力为 0.2 MPa 和 4.2 MPa,剪胀角均为 0°。

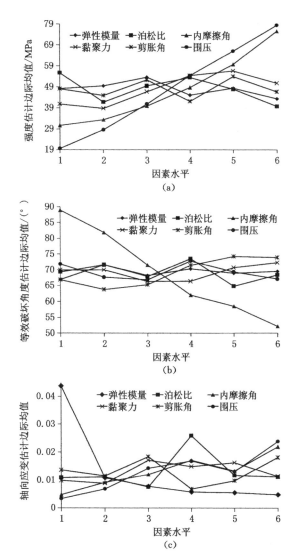

图 5-3 煤体变形破坏的估计边际均值分析

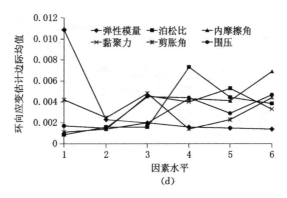

续图 5-3　煤体变形破坏的估计边际均值分析

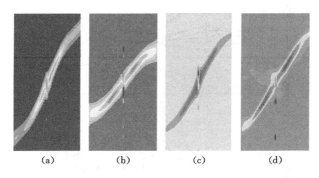

图 5-4　单剪典型破坏形式

(a) 试验 2；(b) 试验 8；(c) 试验 37；(d) 试验 42

　　张剪典型破坏形式如图 5-6 所示，所有出现张剪破坏的试验编号为 5、9、10、11、18、23、25、26、27、33、35、41、46、47、48，分析这些试验的参数特征，发现在内摩擦角为 33°时，不论其他参数如何变化，除上述出现的两次共轭剪切破坏后，其他均出现了张剪破坏，并且剪切特征更明显，如图 5-6 所。同时出现张剪破坏的还有内摩擦角为 27°的五次试验(图 5-7)和 21°的两次试验(图 5-8)，内

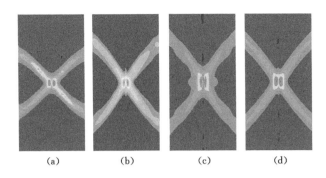

图 5-5 共轭剪切典型破坏形式

(a) 试验 16;(b) 试验 17;(c) 试验 21;(d) 试验 38

摩擦角为 27°对应的剪胀角为 0°和 2°,内摩擦角为 21°对应的黏聚力为 0.2 和 4.2 MPa,剪胀角均为 0°。

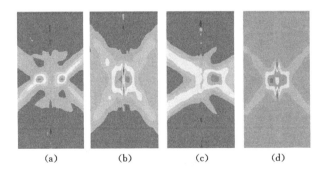

图 5-6 张剪典型破坏形式(内摩擦角为 33°)

(a) 试验 26;(b) 试验 35;(c) 试验 47;(d)试验 48

延性典型破坏形式如图 5-9 所示,所有出现延性破坏的试验编号为 1、4、7、12、13、19、20、22、24、28、30、34、36、39、40、43、44、45、49,分析这些试验的参数特征,发现在内摩擦角为 15°时,不论其他参数如何变化,均为延性破坏。

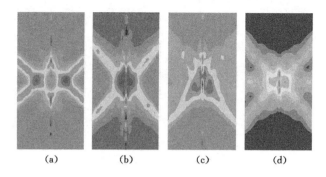

图 5-7 张剪典型破坏形式(内摩擦角为 27°)

(a) 试验 18;(b) 试验 27;(c) 试验 41;(d) 试验 46

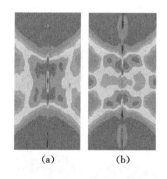

图 5-8 张剪典型破坏形式(内摩擦角为 21°)

(a) 试验 5;(b) 试验 25

5.3.4 结果验证

采用杜育芹等的试验结果对本章理论分析结果进行验证。根据其研究结果,围压对煤样变形影响较大,随着围压增加,煤样的弹性压缩变形增大,轴向变形也增大,围压为 2 MPa、4 MPa、6 MPa、8 MPa 时峰值轴向应变分别为 1.96％、2.67％、3.74％、4.26％,这与得出的煤体轴向应变随着弹性模量的增大而减小,随

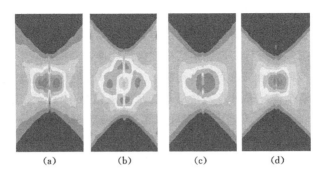

图 5-9　延性典型破坏形式

（a）试验 22；（b）试验 4；（c）试验 20；（d）试验 43

着围压和内摩擦角的增大而增大的规律相吻合。

此外，对于破坏模式，其得出随着围压的增大，煤体的破坏模式从张剪破坏到明显的单剪破坏，并且当围压为 10～50 MPa 时，破坏角为 $67°～55°$，这与本章得出的煤体破坏角随着围压的增大而减小的结论相吻合。

5.4　冲击倾向性煤试样剪切参数的反演

目前对于煤样力学性质的研究思路基本分为两种，一种是为精细研究，尽可能满足现场实际的初始应力条件、边界条件、水力条件等。而另一种思路则是在很难达到第一种思路要求时的替代方法，即将煤体整体等效均一化，研究煤体等效力学参数。这种方法要求所研究煤体大小必须大于其 REV，当难以获得煤体精确参数时，往往通过分析煤体的 REV 等效参数进行相应研究。而对于一个固定的煤样，其等效剪切强度参数应是唯一的，对应的峰值强度、破坏角、峰值应变量也是唯一的。只要确定了其峰值强度、破坏角、峰值应变量等参数值，其等效剪切强度参数也可以确定。

因此,在获得了煤样等效剪切参数与输出结果之间的关系后,可以通过参数反演来获得单个煤样的剪切强度参数。

采用广为流行的前馈网络模型来描述冲击倾向性煤剪切强度参数与多种外测量之间的映射关系,并应用遗传算法搜索最佳的神经网络结构。通过对网络结构的反复进化操作,最终找到较为理想的网络模型,建立单个煤样剪切强度参数与多种外测量的非线性映射关系,并应用遗传算法结合神经网络对岩体力学参数进行搜索寻优,从而获得一组最可能代表煤体剪切强度参数的等效力学参数。

5.4.1 非线性映射关系的构建

从表 5-2 和图 5-3 可知,影响强度、等效破坏角、轴向应变、环向应变的主要因素为内摩擦角、围压、黏聚力、剪胀角、弹性模量、泊松比,其中围压为预设值,而弹性模量、泊松比可从单个煤样的应力-应变曲线中实测获取,因此也不需要反演。而对于内摩擦角、黏聚力、剪胀角无法通过单个煤样值获得,据此,可以确定需要反演的参数为内摩擦角、黏聚力、剪胀角。

建立目标函数如下:

$$\text{Fitness}(X) = \min\left\{ \sum_{i=1}^{m} \alpha_i \left[(x_i^P - x_i^{Po})^2 \right] \right\}$$

式中,α 为权系数,$\sum_{i=1}^{m}\alpha_i = 1$;$m$ 为目标值的数量,在本次反演中为 4,即煤样峰值强度、等效破坏角、峰值轴向应变、峰值环向应变;x_i^P 为神经网络映射各目标增量值;x_i^{Po} 为实测各目标增量值,可通过各煤样应力-应变曲线获得。

权系数 α 反映了函数对各目标值重要性程度,本次分析 α 取 0.25。

5.4.2 参数反演

采用 GA-ANN 对表 5-1 所示训练样本进行学习,获得最优网络结构为 5-42-27-7,即输入层网络节点数为 5、第一层隐含层节点数为 42、第二层隐含层节点数为 27、输出层节点数为 7;然后采用学习率 0.35、惯性系数 0.35、测试样本 5,经过 50 000 次训练后网络具有最小循环次数 5 788、平均训练误差 0.071、平均测试误差 1.308 5、最小测试误差 0.202 2,得到具有最佳推广能力的网络,遗传进化适应度变化曲线如图 5-10 所示。

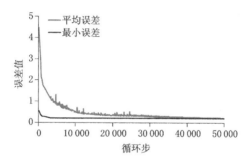

图 5-10　遗传进化适应度变化曲线

需要反演目标值如表 5-3 所列,待反演参数的范围如表 5-4 所列,其中由于剪胀角较少用于现场计算中,本次反演设为 0;设置遗传代数 30、种群规模 30、突变变异率 0.03、蠕变变异率 0.3,经搜索得到最优参数如表 5-5 所列。

表 5-3　　　　　　　　煤样常规三轴压缩试验结果

煤样编号	弹性模量/GPa	泊松比	围压/MPa	峰值强度/GPa	等效破裂角/(°)	峰值轴向应变/10^{-2}	峰值环向应变/10^{-2}
CSZ1	1.438	0.38	2	30.1	66	1.96	1.25
CSZ2	1.726	0.21	4	44.9	62	2.67	0.78
CSZ3	1.683	0.33	6	64	80	3.74	1.81
CSZ4	1.630	0.25	8	70.2	85	4.26	1.92

表 5-4　　　　　　　　　　煤样待反演参数范围

内摩擦角/(°)	黏聚力/MPa	剪胀角/(°)
0～55	0～15	0

表 5-5　　　　　　　　　　煤样待反演参数结果

煤样编号	内摩擦角/(°)	黏聚力/MPa
CSZ1	50.140 6	3.032 71
CSZ2	50.253 9	3.300 05
CSZ3	52.273 4	3.342 29
CSZ4	52.261 7	2.794 19

　　反分析目的是为了获得单个冲击倾向性煤样的力学参数。反演得到的力学参数是否可以被接受还有待验证。因此，有必要把反演得到的参数代入计算程序做一次正算，深入分析计算结果的合理可靠性。

　　良好的反演分析结果应当建立在准确的测量结果基础上，因此选取了采用不同围压下的实测煤样峰值强度绘制莫尔圆，如图 5-11 所示，可以看到本次试验离散性相对较小，线性莫尔包络线拟合程度相对较高。尽管如此，强度离散性仍然不可忽略，通过莫尔圆获得的黏聚力和内摩擦角只能反映这些煤样的平均力学性能，对于单个煤样如果采用平均值则仍存在离散性。而采用本章方法获得的各煤样的力学参数进行正算，所得结果如图 5-11 所示，与实测值基本相同，离散性要远远小于线性莫尔圆，因此定量和定性分析都说明采用本章方法得到的煤样力学参数更能反映了煤样特征，具有可信性。

　　但是需要说明的是，所得的参数也仅为等效强度参数，并非真实的煤样力学性质，所得的等效强度参数可用于工程设计和分析中，而其精确力学性质的研究仍有待于仪器和研究方法的进一步发展。

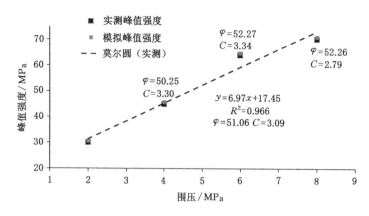

图 5-11 采用反演力学参数进行正算结果与实际强度值对比

5.5 本章小结

冲击倾向性煤的变形破坏规律及其剪切强度参数的获取是进行煤巷、煤柱稳定性分析的基础,先后发展了常规三轴、三轴卸围压、多级三轴等方法来研究其变形破坏规律及剪切强度参数的获取,但煤样的离散性往往对其变形规律认识、剪切参数获取造成困扰,而煤样自身特征的复杂性进一步加剧了研究难度。本章以煤样自身特征为出发点,采用正交分析理论,进行方差主效应分析、估计边际均值分析,研究煤样变形破坏的主要影响因素,利用该结果对煤样剪切力学参数进行了反演分析。结论如下:

(1) 冲击倾向性煤样共有 4 种破裂形式,分别为单剪破坏、张剪破坏、共轭剪切破坏和延性破坏。随着内摩擦角及围压的减小,易发生破坏的顺序依次为单剪破坏、共轭剪切破坏、张剪破坏、延性破坏。

(2) 提出等效破裂角的概念。以破裂角为 45°时对应的破裂线长度为基准,定义实际破裂线长度与最短破裂线长度的比值的反正切值为等效破裂角。等效破裂角最小为45°,延性破坏时等效破裂角为90°,与实际破裂角相吻合。

(3)由方差效应分析可知,影响强度的主要因素为内摩擦角、围压、黏聚力;影响等效破坏角的主要因素为内摩擦角和剪胀角;影响轴向应变的主要因素为弹性模量和围压;影响环向应变的主要因素为弹性模量和泊松比。不仅如此,对上述参数影响力学性质的强弱实现了定量化分析。

(4)采用峰值强度、等效破坏角、峰值轴向应变、峰值环向应变反演煤样黏聚力和内摩擦角的方法可以获得单个煤样的力学参数,与实测值相吻合,具有可信性。

参考文献

[1] 陈绍杰.煤岩强度与变形特征实验研究及其在条带煤柱设计中的应用[D].青岛:山东科技大学,2005.

[2] 杜育芹,袁梅,孟庆浩,等.不同围压条件下含瓦斯煤的三轴压缩试验研究[J].煤矿安全,2014,45(10):10-13.

[3] 蒋长宝,黄滚,黄启翔.含瓦斯煤多级式卸围压变形破坏及渗透率演化规律实验[J].煤炭学报,2011,36(12):2039-2042.

[4] 李春光,郑宏,葛修润,等.双参数抛物型Mohr强度准则及其材料破坏规律研究[J].岩石力学与工程学报,2005,24(24):4428-4433.

[5] 李宏哲,夏才初,许崇帮,等.基于多级破坏方法确定岩石卸荷强度参数的试验研究[J].岩石力学与工程学报,2008,27(增刊):2681-2686.

[6] 李小双,尹光志,赵洪宝,等.含瓦斯突出煤三轴压缩下力学性质试验研究[J].岩石力学与工程学报,2010,29(增刊):

3350-3358.

[7] 刘泉声,刘恺德,朱杰兵,等.高应力下原煤三轴压缩力学特性研究[J].岩石力学与工程学报,2014,33(1):24-34.

[8] 刘星光,高峰,李玺茹,等.低透气性原煤力学及渗透特性的试验研究[J].中国矿业大学学报,2013,42(6):911-916.

[9] 钱海涛,谭朝爽,孙强.基于破坏概率的岩土试件剪切破坏角分析[J].工程地质学报,2010,18(2):211-215.

[10] 苏承东,高保彬,南华,等.不同应力路径下煤样变形破坏过程声发射特征的试验研究[J].岩石力学与工程学报,2009,28(4):757-766.

[11] 苏承东,尤明庆.单一试样确定大理岩和砂岩强度参数的方法[J].岩石力学与工程学报,2004,23(18):3055-3058.

[12] 苏承东,翟新献,李永明,等.煤样三轴压缩下变形和强度分析[J].岩石力学与工程学报,2006,25(增刊):2963-2968.

[13] 汪斌,朱杰兵,邬爱清,等.高应力下岩石非线性强度特性的试验验证[J].岩石力学与工程学报,2010,29(3):542-548.

[14] 王凯,郑吉玉.无烟煤的压缩-扩容边界与瓦斯渗流相关性研究[J].中国矿业大学学报,2016,45(1):42-48.

[15] 王学滨.应变软化材料变形、破坏、稳定性的理论及数值分析[D].阜新:辽宁工程技术大学,2006.

[16] 许江,谭皓月,王雷,等.不同法向应力下含瓦斯煤剪切破坏细观演化过程研究[J].岩石力学与工程学报,2012,31(6):1192-1197.

[17] 张年学,盛祝平,李晓,等.岩石泊松比与内摩擦角的关系研究[J].岩石力学与工程学报,2011,30(增刊):2599-2609.

[18] 张宇,任金虎,陈占清.三轴压缩下不同岩性煤岩体的强度及变形特征[J].西安科技大学学报,2015,35(6):708-714.

[19] 赵洪宝,张红兵,尹光志.含瓦斯软弱煤三轴力学特性试验

［J］.重庆大学学报（自然科学版），2013，36（1）：103-109.

［20］左建平，刘连峰，周宏伟，等.不同开采条件下岩石的变形破坏特征及对比分析［J］.煤炭学报，2013，38（8）：1319-1324.

［21］BAI H Y，LI W P，DING Q F，et al.Interaction mechanism of the interface between a deep buried sand and a paleo-weathered rock mass using a high normal stress direct shear apparatus［J］.International journal of mining science and technology，2015，25（4）：623-628.

［22］Wu H b，Dong S h，Li D h，et al. Experimental study on dynamic elastic parameters of coal samples［J］.International journal of mining science and technology，2015，25（3）：447-452.

6 冲击倾向性煤侧向变形特征及与软硬岩对比分析

我国煤炭行业经过多年的发展,开采规模不断扩大,开采深度不断增加,煤炭开采活动逐步进入深部开采阶段。深部煤炭资源开采面临"三高一扰动"动力现象愈加明显,使得煤体力学行为表征从浅部的弹性状态到达深部的峰后状态,煤体特殊的峰后特征导致深部煤炭开采工程灾害增多。但是目前对煤体的研究主要集中在峰前阶段,也就是弹性和塑性阶段,而对峰后特征的研究较少,这也导致深部煤炭灾害特征缺乏更进一步的理论指导。侧向变形特征是煤特征的重要部分,在深部煤矿开采后,切向应力增大、法向应力减小,当应力超过煤壁强度后,就会进入峰后状态,进而发生煤壁片帮、冲击突出等动力灾害,尤其对于冲击倾向性煤,该种倾向更为明显。因此,研究冲击倾向性煤的峰后侧向变形特征具有重要意义。

6.1 煤侧向变形特征研究现状

早先对侧向变形的分析仅停留在利用广义虎克定律分析岩样弹性阶段的侧向变形特征,目前针对岩体峰后侧向变形特征研究越来越多。周辉对采用高强石膏配制的硬脆性模型试样进行单轴压缩发现预制裂隙尖端张拉裂纹的产生会造成侧向变形量的突增以及侧向变形速率的显著增大。杨圣奇等对饱和状态下坚硬大理岩和绿片岩进行三轴压缩试验得出同等应力水平条件下,围压越大的岩样对应的侧向应变越小。朱泽奇等系统研究了脆性岩石在不同应力路径和不同加载控制下的侧向变形特征,并建立了基于应变空间的考虑卸荷应力路径的损伤模型和应变型破坏准则。王东等研究了侧向变形控制下的灰岩破坏规律,结果表明峰后则由侧向变形控制,随侧向变形的增加逐渐衰减至残余强度。肖维民等研究了柱状节理岩体在单轴压缩破坏后得出柱状节理滑移松弛将产生较大的外观侧向变形的结论,相应的侧向应变与轴向应变之比大大超出 0.5。

与岩样相比,煤体由于其层理、割理、孔隙等特征,具有更加明显的非均质性。目前已有学者针对煤体的峰后侧向变形特征进行了研究,刘泉声等针对高应力下原煤的三轴压缩试验表明煤体在低围压条件下表现出扩容机制,并且峰值侧向应变随围压的增大呈线性增加趋势。而相应的卸荷试验表明侧向应变曲线从卸荷点开始突变下跌,峰值侧向应变明显小于常三轴。伍永平等研究了不同加载模式软硬煤岩侧向变形特征,表明硬煤在屈服后侧向变形陡增至极大值,而软煤侧向应变一直处于非线性小幅度增加过程。来兴平等研究了急倾斜煤层巷道侧向变形特征。苏承东等对单轴压缩分级松弛作用下煤样变形特征进行了分析,表明煤样破坏后表现出明显的侧向膨胀特征。王学滨等基于考虑峰值剪切强度后微小结构之间相互影响和作用的梯度塑性理论,研究了在应变软化阶段煤的侧向变形特征。

可以看出,目前对煤体的侧向变形仍然集中在室内试验以及定性分析上,而对其煤体侧向变形特征,尤其是冲击倾向性煤的侧向变形特征研究仍然较少。因此,本章首先分析了忻州窑矿煤体的冲击倾向性,进而研究了其侧向变形的特征,并与软岩、硬岩进行了比较,并对煤体侧向变形与轴向变形比进行了分析。

6.2 煤样细观特征及试验方法

6.2.1 煤样特征

试验过程中所选用的煤样同样均取自于大同忻州窑矿 14# 煤,该煤层目前为矿井生产层。煤层厚为 0～4.62 m,平均厚度 1.44 m。煤色为黑色,煤岩质地坚硬,断口多呈参差状,如图 6-1 所示;其内部层理电镜扫描结果如图 6-2 所示,可以看出其内部层理面极为发育,并且大致平行,分布致密,但也不时有断裂出现。

图 6-1 忻州窑矿 14# 煤断口情况

(a)   (b)

图 6-2 14# 煤断口电镜扫描结果

(a) 300 倍;(b) 8 000 倍

6.2.2 煤样加工和声波测试

煤样加工完成后首先采用 ZBL-U5 超声检测仪对煤样进行初选和分析,选择纵波速率相近的煤样,所选择的煤样速率基本稳定在 2 400 m/s,典型煤样波形如图 6-3 所示。

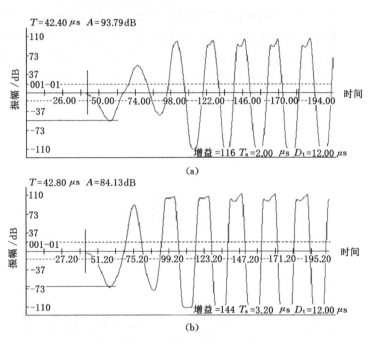

(a)

(b)

图 6-3 煤样声波结果

(a) 典型煤样波形 1;(b) 典型煤样波形 2

6.2.3 试验结果

试验得到煤样典型单轴压缩应力-应变全过程曲线如图 6-4 所示,ε_1、ε_3 分别表示轴向、侧向应变。

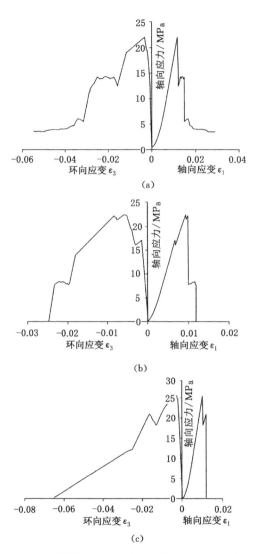

图 6-4 煤样单轴压缩的侧向、轴向应力-应变曲线

(a) F-1;(b) F-2;(c) F-4

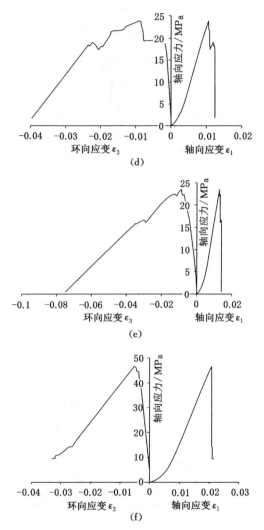

续图 6-4　煤样单轴压缩的侧向、轴向应力-应变曲线

(d) N-1；(e) N-2；(f) Z-1

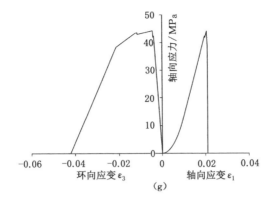

续图 6-4　煤样单轴压缩的侧向、轴向应力-应变曲线

（g）Z-3

6.3　煤样冲击倾向性和单轴试验结果分析

6.3.1　煤样冲击倾向性分析

冲击倾向性是煤岩的固有属性,根据煤矿现有执行标准,主要通过动态破坏时间、冲击能量指数等指数来进行表征判断。

以 Z-1 为例对该类煤样的冲击倾向性进行分析说明,从动态破坏时间分析,Z-1 从峰值强度 44.34 MPa 跌落到 0 MPa 仅用 80 ms,属于弱冲击倾向性煤样,但是也应注意到大部分煤样均存在明显的台阶跌落,导致整体动态破坏时间较长,但是每段台阶跌落的时间较短,因此简单采用整体动态破坏时间衡量煤样的冲击倾向性,难以考虑该类硬煤的台阶跌落特征;从冲击能量指数看,峰后应变非常小,导致峰值前积蓄的变形能与峰值后耗损的变形能之比为 40.6,远大于 5,为强冲击倾向性煤样,因此可判定为强冲击倾向性煤样。依此判断方法,各煤样冲击倾向性如表 6-1 所列。

表 6-1　　　　　　　各煤样冲击倾向性判定指标值

指标 煤样	动态破坏时间/ms	冲击能量指数
F-1	3 230	2.1
F-2	1 010	4.0
F-4	840	5.1
N-1	620	5.2
N-2	380	10.1
Z-1	110	35.2
Z-3	40	70.8

综上可以看出,采用动态破坏时间判断,大部分无冲击倾向,但是需要指出的是该类硬煤存在典型台阶状跌落,峰后存在起伏特征,如果从某一段跌落分析其动态破坏时间,则属于冲击倾向性煤样;采用冲击能量指数判断,仅有 F-1 和 F-2 属于弱冲击倾向性,其他均属于强冲击倾向性煤样,综合判断该类硬煤为强冲击倾向性煤样。目前该层煤已发生多起动载事件。

6.3.2　冲击倾向性煤侧向变形试验结果分析

该类煤样的基本参数见表 6-2。由图 6-4 可以看出,单轴压缩下煤样侧向变形主要包括 5 个阶段:非线弹性变形阶段、线弹性阶段、塑性屈服阶段、峰后阶段。

非线弹性阶段,煤样内部原始裂隙随轴向应力的不断增加而发生压缩闭合,轴向应力-应变曲线呈上弯形。该阶段在不同煤样呈现曲率、长度均不同,部分可达 1/3,该阶段内弹性模量逐渐增大,侧向应变在该段内变化很小,甚至接近于 0。可见该阶段主要体现为轴向方向的压缩,而侧向方向的增大较小,侧向变形基本可以忽略。

进入线弹性阶段,轴向应力-应变曲线呈直线,弹性模量基本保持不变,具体数值如表 6-2 所列。部分煤样侧向应变呈现线弹性增长,部分煤样则呈现曲线增长,大部分煤样的侧向应变与轴向应变相比仍然较小,泊松比约为 0.2。该阶段为煤样的主要阶段,峰值前煤样主要处于该阶段。

表 6-2　　　　　　　　　煤样基本几何和力学参数

煤样编号	直径/mm	高度/mm	波速/(km/s)	峰值强度/MPa	峰值侧向应变	峰值轴向应变	轴向最大应变	侧向最大应变	弹性模量/GPa
F-1	24.33	48.10	0.233	22.04	−0.003 2	0.011	0.028 9	−0.054 5	2.255 6
F-2	23.96	47.97	0.242	22.16	−0.008 3	0.010	0.011 9	−0.024 7	2.937 4
F-4	23.91	48.00	0.241	23.45	−0.008 8	0.013	0.014 1	−0.074 8	2.496 7
N-1	24.03	48.08	0.242	23.96	−0.008 8	0.106	0.012 4	−0.039 7	2.846 4
N-2	23.93	48.08	0.242	25.88	−0.005 1	0.020	0.011 9	−0.064 8	2.968 2
Z-1	24.47	48.07	0.242	46.59	−0.005 1	0.020	0.021 6	−0.033 0	3.001 0
Z-3	24.33	48.06	0.241	43.34	−0.011 0	0.021	0.021 3	−0.042 3	2.960 1

当应力超过弹性极限时即进入塑性屈服阶段,但是煤样的该阶段很难分辨,基本未出现应力增大很小而应变增大的传统塑性现象,部分煤样从线弹性阶段直接进入峰值,而部分煤样(如 F-2)则出现应力掉落又上升的情况,约在峰值的 2/3 处,表明局部区域出现了裂纹扩展,导致应力跌落,但是裂纹并没有进一步贯通,导致小跌落后应力再次增大。如果单从轴向应力应变来看,峰前小跌落的情况也较少,但是如果结合侧向应变来看,可以看到曲线 F-2、F-4、N-1、N-2 均在峰前出现过小跌落或者小纯塑性(即应力变化很小而应变持续增大),尤其是在接近峰值处更多。可以看出,该阶段内微破裂开始不断产生,侧向应变不断增大,与轴向应

变相比,侧向应变在小跌落段产生的应变更大,也更容易分辨。此外,部分煤样小跌落后应力-应变曲线继续呈现线性增长,而部分煤样侧向应变(如 N-1、Z-1 煤样)开始出现非线性塑性特征。可见,在该阶段大部分煤样的侧向应变与轴向应变相比仍然较小,约占1/3,但是也有部分曲线开始出现较大增长,甚至可达到 1/2。该阶段中,由于侧向应变变化明显,可以看作是轴向应变特征的放大,如小跌落、小纯塑性在轴向应变不明显,而在侧向应变中可以明显分辨出来。

进入峰后阶段,轴向应力-应变曲线基本呈现两种形态,一种为断崖式下跌(如曲线 Z-1、Z-3),另一种则呈现出多次应力降现象,每次应力降之后又伴随有一段平缓(纯塑性)甚至回升趋势,一般该过程可重复 1~2 次,也可以重复多次,呈阶梯状下降[如图 6-4(a)~(f)曲线所示]。对于图 6-4 中 F-2、N-2、Z-3 曲线,如果单从轴向应力-应变来看,峰值附近的波动难以分辨,但是从侧向应变来看,峰值后应力出现多次小波动,表明在峰值附近出现多次裂纹扩展,但是均未贯通。而对于图 6-4(a)~(f)曲线,轴向应变的阶梯下降在侧向应变处表现更为明显,得益于侧向应变的不断增大,在该阶段,侧向应变大幅增加,远远大于轴向应变,达到轴向应变的2~4 倍。

综上所述,煤样压缩时峰值前煤样内部损伤破坏是逐步产生,峰值后呈现时段性、急剧性破坏;由于煤在压缩过程中既有硬岩特征,又有软岩的部分特征,因此可以说煤是硬岩和软岩在应力-应变特征上的结合体。

6.4 与软岩、硬岩侧向特征的对比分析

6.4.1 煤侧向变形特征

从冲击倾向性煤侧向变形试验结果的分析可以看到煤侧向变

形的特殊性,为进一步说明该特征,将煤、软岩、硬岩的侧向变形特征进行对比。典型的煤、软岩、硬岩应力-应变曲线如图 6-5 所示。由图 6-5 可见,软岩轴向应变和侧向应变都随着应力的增大而呈现持续缓慢增长,达到峰值后进入塑性流动状态,其峰后特征呈现明显的应力缓慢增长而应变快速增长;硬岩则随着应力的增大轴向变形增长相对较快,而侧向变形增长缓慢,表现为较小的泊松比特征,而在进入塑性状态后,可以看出轴向应变基本保持弹性模量不断在增长,而侧向应变则有较大增大,进入峰后阶段后,轴向应变快速下降,而侧向应变则不断的快速增长,最终侧向应变远大于轴向应变。

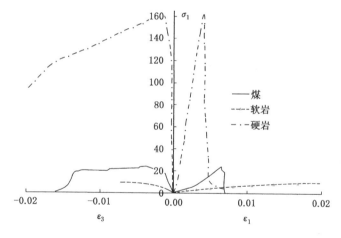

图 6-5 典型的煤、硬岩、软岩应力应变曲线对比

　　而煤与这两者都不同,煤在裂隙闭合阶段表现为明显的非线性特征,进入线弹性阶段后轴向应变稳定增长,在该阶段,对应的侧向应变也在持续增大,表现为逐步增大的泊松比特征;而在进入塑性状态后,轴向应变仍然保持稳定增长,而侧向应变则有一个快速增长的过程;进入峰后阶段后,与硬岩强度快速降低不同,煤在

破坏瞬间表现为侧向应变快速增大,尤其是在应力-轴向应变呈现台阶下降时,侧向应变在持续增大。

上述分析表明煤的峰后侧向变形既不同于软岩的缓慢持续增大,也不同于硬岩的应变持续增大、应力持续下降特征,具有其独特特征。

6.4.2 煤侧轴比特征

为方便分析,定义岩样的侧向应变与轴向应变之比为侧轴比。典型的煤、硬岩、软岩侧轴比特征如图 6-6 所示。由图 6-6 可见,软岩的侧轴比基本处于稳步增长阶段,但是一直维持在一个较小的范围之内;硬岩的侧轴比在弹性阶段,包括非线性弹性阶段和线性弹性阶段,有较小的浮动,基本保持在 0.2 以下,而在进入塑性状态后,其侧轴比增大,增大幅度仍然较小,但是在进入峰后阶段后,由于轴向应变迅速下降,而侧向应变持续增大,其侧轴比也表现为持续增大,最终侧轴比远大于弹性阶段。

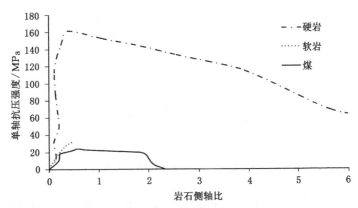

图 6-6　典型煤、硬岩、软岩侧轴比特征对比

煤在非线性弹性阶段,轴向应变存在一个快速增长的过程,而在该阶段侧向应变增大相对较小,因此其侧轴比稳步增长,与软岩

相似。进入线弹性状态后,煤体表现为良好的弹性特征,其侧轴比基本保持不变;而在进入峰后状态后,由于轴向应变基本保持不变,而侧向应变在瞬间有较大增长,因此其侧轴比在瞬间快速增长,并在应力台阶下降时仍在不断增大,但是增幅下降甚至停滞,并且与硬岩相比仍然较小。

综上可知,在单轴压缩状态下,软岩轴向变形量远远大于侧向变形量,且其轴-侧向变形曲线呈近似线性略微上凹,即泊松比变化不明显。硬岩单轴压缩状态下则呈现泊松比变化趋势极为显著,即泊松比在峰前增量很小,而在峰后时呈现线性增长态势。而煤的轴-侧向变形关系前期与软岩相似,后期与硬岩相似,即在非线性弹性阶段其侧轴比稳步增长,在塑性阶段及峰后持续增大。

6.5 冲击倾向性煤侧向变形特征分析

6.5.1 冲击倾向性煤侧向变形演化阶段分析

典型的煤体侧向应力-应变曲线如图 6-7 所示。分析图 6-7 可知,煤体的侧向变形包含图 6-3 所示的 5 个阶段:① OA 压密阶段。该阶段处于煤体压缩初期,主要为轴向压密阶段,因此煤体侧向基本无变形。② AB 弹性阶段。从理论来讲该阶段变形应该呈现线性增长,但是由于煤体侧轴比不断增大并接近泊松比的非均质特征,一般该阶段呈现非线性增长。③ BC 裂纹扩展阶段。该阶段变形为不可逆变形,并且进入该阶段后,应力上升缓慢而侧向变形开始加速增加,直到峰值强度。④ CD 峰后侧向扩容阶段。该阶段煤体开始破裂,产生大量张拉裂纹或者剪切裂纹,导致快速产生剧烈侧向变形,甚至该过程可以在瞬间产生,在达到峰值强度后一般都会出现该过程,而有时甚至在裂纹扩展阶段也会产生该过程。⑤ DE 峰后脆性阶段。与硬岩不同,煤体还存在峰后脆性阶段,在该阶段,煤体裂纹突然贯通,导致其强度急剧降低,对应侧向变形急剧增大,整体呈现明显的扩容和脆性阶段多次交替出现特征。

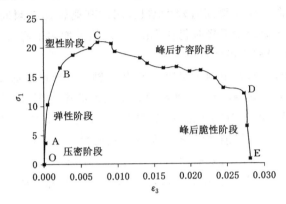

图 6-7　典型的煤体侧向变形分阶段特征

6.5.2　煤体侧向变形分类

为了清晰地表现加载条件下煤侧向变形的特点,将试样侧向变形与轴向变形、侧轴比与轴向变形绘制在同一坐标系中如图 6-8 所示。

煤典型的压致拉裂破坏特征如图 6-9 所示。由图 6-9 可见,在加载的初始阶段,侧轴比较小,基本远远小于线性阶段的泊松比值,而后侧轴比不断增大,但是增速较缓。但是也应注意到侧向变形和侧轴比大幅的增加过程,主要发生在轴向应力峰值强度后,但也有部分发生在峰前。这表明大部分煤样侧向变形扩张主要发生在煤体破坏时,导致侧向变形急剧扩张而发生破坏。如图 6-9 所示,大部分煤样破坏均为拉破坏,即压致拉裂破坏,破坏程度严重,但也有部分煤样在进入裂纹扩展阶段即发生侧向变形的扩张。这些煤的侧向变形的这种特征对于煤巷开挖后巷帮变形研究具有重要的意义。

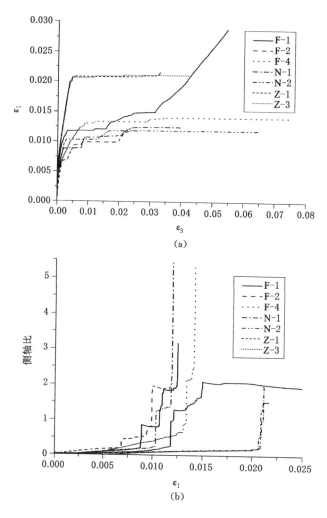

图 6-8　煤典型的侧向变形和侧轴比特征

（a）煤轴-侧向变形关系特征；（b）煤侧轴比特征

（a）　　　　　（b）　　　　　（c）　　　　　（d）

图 6-9　煤典型的压致拉裂破坏特征

（a）F-1；（b）F-4；（c）N-2；（d）Z-3

6.6　本章小结

煤特殊的峰后特征导致深部煤炭开采工程灾害的增多，煤壁片帮、冲击突出等动力灾害与煤峰后侧向变形特征具有密切联系。本章针对忻州窑矿 14# 煤的冲击倾向性和侧向变形的特征进行了分析，结论如下：

（1）该类硬煤采用弹性能指数、冲击能量指数、单轴抗压强度均可判定为强冲击倾向性煤样，而该类硬煤由于峰后存在典型台阶状跌落特征导致整体动态破坏时间较长，采用整体动态破坏时间难以衡量该类煤的冲击倾向性。

（2）对典型的煤侧向应力-应变曲线进行分析可以看出，煤体的侧向变形包含 5 个阶段，即非线性弹性阶段、线弹性阶段、裂纹扩展阶段、峰后侧向扩容阶段、峰后脆性阶段。非线性弹性阶段主要体现为轴向方向的压缩，侧向变形基本可以忽略；线弹性阶段侧轴比逐渐增大，最终达到泊松比；煤样塑性阶段很难分辨，基本未出现应力增大很小而应变增大的传统塑性现象，主要为局部区域的裂纹扩展；峰后侧向应变可看作轴向应变特征的放大，尤其瞬间产生的台阶跌落导致的扩容和脆性阶段多次交替出现。

（3）不同于软岩轴向应变和侧向应变都随应力的增大而呈现

同时持续缓慢增长,也不同于硬岩峰前侧向变形增长缓慢,表现为较小的泊松比特征,而在进入峰后侧向应变则不断地快速增长的特征,煤在非线性弹性阶段,侧向变形较小,但是进入线弹性阶段后侧向应变在持续增大,并在裂纹扩展阶段表现出局部侧向应变增大特征,进入峰后阶段,煤在破坏瞬间表现为侧向应变快速增大,尤其是呈现典型的台阶跌落特征。

(4)侧向变形和侧轴比大幅增加的过程,主要发生在轴向应力峰值强度后,这表明大部分煤样侧向变形急剧扩张主要发生在煤体压致拉裂破坏时,但也有部分煤样进入裂纹扩展阶段即发生侧向变形的扩张,这些特征对于煤巷开挖后巷帮变形研究具有重要的意义。

参考文献

[1] 国家煤炭工业局行业标准司.MT/T 174-2000 煤层冲击倾向性分类及指数的测定方法[S].北京:中国标准出版社,2000.

[2] 何满朝,江玉生,徐华禄.软岩工程力学的基本问题[J].东北煤炭技术,1995(5):26-32.

[3] 何满潮,谢和平,彭苏萍,等.深部开采岩体力学研究[J].岩石力学与工程学报,2005,24(16):2803-2813.

[4] 来兴平,马敬,张卫礼,等.急倾斜煤层煤岩变形局部化特征现场监测[J].西安科技大学学报,2012,32(4):409-414.

[5] 蓝航,陈东科,毛德兵.我国煤矿深部开采现状及灾害防治分析[J].煤炭科学技术,2016,44(1):39-46.

[6] 刘泉声,刘恺德,朱杰兵,等.高应力下原煤三轴压缩力学特性研究[J].岩石力学与工程学报,2014,33(1):24-34.

[7] 祁小平.忻州窑矿冲击地压综合防治浅谈[J].科技信息,2009(24):291-292.

[8] 苏承东,陈晓祥,袁瑞甫.单轴压缩分级松弛作用下煤样变形与强度特征分析[J].岩石力学与工程学报,2014,33(6):1135-1141.

[9] 王东,王丁,韩小刚,周晓明.侧向变形控制下的灰岩破坏规律及其峰后本构关系[J].煤炭学报,2010,35(12):2022-2027.

[10] 王学滨,马剑,刘杰,等.基于梯度塑性本构理论的岩样侧向变形分析(Ⅰ):基本理论及本构参数对侧向变形的影响[J].岩土力学,2004,25(6):904-908.

[11] 伍永平,高喜才.不同加载模式软硬煤岩侧向变形特征的对比实验研究[J].煤炭学报,2010,35(增刊):44-48.

[12] 肖维民,邓荣贵,付小敏,等.柱状节理岩体侧向变形特性单轴压缩试验研究[J].地下空间与工程学报,2014,10(5):1047-1052.

[13] 谢和平,高峰,鞠杨,等.深部开采的定量界定与分析[J].煤炭学报,2015,40(1):1-10.

[14] 杨圣奇,徐卫亚,谢守益,等.饱和状态下硬岩三轴流变变形与破裂机制研究[J].岩土工程学报,2006,28(8):962-969.

[15] 周宏伟,谢和平,左建平.深部高地应力下岩石力学行为研究进展[J].力学进展,2005,35(1):91-99.

[16] 周辉,徐荣超,卢景景,等.板裂化模型试样失稳破坏及其裂隙扩展特征的试验研究[J].岩土力学,2015,(增刊):1-11.

[17] 朱泽奇,盛谦,张占荣.脆性岩石侧向变形特征及损伤机理研究[J].岩土力学,2008,29(8):2137-2143.